Münchner
Geowissenschaftliche
Abhandlungen

Reihe B

Allgemeine
und
Angewandte Geologie

7

Klaus POSCHLOD

Das Wasser
im Porenraum
kristalliner
Naturwerksteine
und
sein Einfluß
auf die
Verwitterung

Münchner
Geowissenschaftliche
Abhandlungen

In der
Reihe B
erscheinen
Originalarbeiten
und Dissertationen
aus dem Gesamtgebiet
der
Allgemeinen
und
Angewandten Geologie.

Münchner Geowissenschaftliche Abhandlungen

Reihe B

Allgemeine
und
Angewandte Geologie

7

Klaus POSCHLOD

Das Wasser im Porenraum kristalliner Naturwerksteine und sein Einfluß auf die Verwitterung

Verlag Friedrich Pfeil
München, Dezember 1990
ISSN 0931-8739
ISBN 3-923871-38-4

Begründet und herausgegeben von Dr. Friedrich H. Pfeil, München

In der **Reihe B** der **Münchner Geowissenschaftlichen Abhandlungen** werden Originalarbeiten und Dissertationen aus dem Gesamtgebiet der Allgemeinen und Angewandten Geologie veröffentlicht.

Die Arbeiten können in deutscher, englischer oder französischer Sprache verfaßt sein. Autoren, die eine Arbeit zum Druck einreichen wollen, sollten sich vorher mit dem Herausgeber zwecks Absprache von Satzspiegel, Format und Gestaltung von Textabbildungen und Tafeln in Verbindung setzen.

Der Schriftwechsel ist ausschließlich zu richten an:
Verlag Dr. Friedrich Pfeil, Postfach 65 00 86, D-8000 München 65, West Germany

Für den Inhalt der Arbeiten sind die Autoren allein verantwortlich.

Bestellungen an:

Verlag Dr. Friedrich Pfeil
Postfach 65 00 86
D-8000 München 65
West Germany

CIP-Titelaufnahme der Deutschen Bibliothek

Poschlod, Klaus:
Das Wasser im Porenraum kristalliner Naturwerksteine und
sein Einfluss auf die Verwitterung / Klaus Poschlod. -
München : Pfeil, 1990.
 (Münchner geowissenschaftliche Abhandlungen : Reihe B, Allgemeine
 und angewandte Geologie ; 7)
 Zugl.: München, Univ., Diss., 1990
 ISBN 3-923871-38-4
NE: Münchner geowissenschaftliche Abhandlungen / B

Umschlaggestaltung: Designgruppe Wolfgang Flath & Herbert Frank, München.
Lithographien: Druckteufel GmbH, Offsetreproduktionen, München.
Satz: Desktop Publishing mit PageMaker® und QMS®.
Satzbelichtung: Printshop Schimann, Pfaffenhofen/Ilm auf Linotronic 300®.
Druck: Druckerei Braunstein, München.

Printed in Germany   ISSN 0931-8739   ISBN 3-923871-38-4

Münchner Geowiss. Abh.	(B)	7	1-62	60 Abb., 25 Tab., Anhang	München, Dezember 1990

5

Das Wasser im Porenraum kristalliner Naturwerksteine und sein Einfluß auf die Verwitterung*

von

Klaus POSCHLOD**

KURZFASSUNG

Einige kristalline Naturwerksteine wie Marmore und - in geringerer Anzahl - Granite verwittern ebenso stark wie Sandsteine und Kalke, obwohl die meist dichten Kristallingesteine weit weniger Wasser und Schadstofflösungen aufnehmen können.

Daher bestand die Zielsetzung der vorliegenden Arbeit darin, das Wasser im Porenraum zu charakterisieren und dessen Einfluß auf die Verwitterung herauszufinden.

Für die Untersuchungen sind vier Gesteine ausgewählt worden: der Granit Nammering-Gelb aus dem Bayerischen Wald, der Kösseine-Granit aus dem Fichtelgebirge und die beiden italienischen Marmore aus Carrara und Laas.

Von diesen vier Naturwerksteinen sind gesteinsphysikalische Kenngrößen und Eigenschaften bestimmt sowie ihr Feuchtehaushalt und in Abhängigkeit davon ihr Verwitterungsverhalten untersucht worden.

Verwitterte Proben dieser Gesteine werden mit unverwitterten hinsichtlich ihrer gesteinsphysikalischen Eigenschaften verglichen. Abschließend werden Konservierungsmöglichkeiten verwitterter Objekte aufgezeigt.

*   Inaugural-Dissertation zur Erlangung des Doktorgrades der Fakultät für Geowissenschaften der Ludwig-Maximilians-Universität zu München

**   Klaus POSCHLOD, Bayerisches Geologisches Landesamt München, Heßstraße 128, D-8000 München 40, FRG

ABSTRACT

Though the least porous crystalline natural stones absorb less water and pollutant solutions in relation to sedimentites, some crystalline natural stones like marble and minor granites weather just as much as sandstones and limestones.

The aim of the thesis was to characterize water in pore space and to find out its influence on weathering behaviour.

Two granites from Bavaria (granite Nammering-Gelb and granite Kösseine) and two marbles from Italy (marble Carrara and Lasa) were chosen to determine petro-physical parameters and properties and examine their moisture conduct and their corresponding weathering behaviour.

Weathered samples of these stones are compared with unweathered. Finally possibilities of conservation of decayed objects are described.

RÉSUMÉ

Quelque pierres de taille cristallines comme les marbres et - moins fréquemment - les granites se décomposent autant que les grès et calcaires, quoique les pierres cristallines peu poreuses puissent absorber bien moins d'eau et de polluants.

A cause de cela le but de ce travail était de caractériser l'eau dans l'espace poreux et de connaître son influence sur l'altération.

Pour les examens quatre roches ont été choisies: deux granites bavarois (granite Nammering-Gelb et granite Kösseine) et deux marbres italiens, ceux de Carrara et de Lasa.

Les porpriétés pétrophysiques de ces roches ont été déterminées. En même temps leur conduite de l'humidité et donc leur comportement à l'altération ont été examinés.

Des échantillons décomposés de ces roches sont comparés avec ceux qui ne sont pas décomposés.

Finalement des possibilités de conservation d'objets décomposés sont décrites.

Klaus POSCHLOD

Inhaltsverzeichnis

8

Verzeichnis der Abbildungen

Verzeichnis der Tabellen

Vorwort

In dieser Arbeit werden die Eigenschaften von Marmoren und Graniten sowie deren Verwitterungsverhalten untersucht.

Die Verwitterung von Objekten aus Naturwerkstein stößt heute in der Öffentlichkeit auf ein größeres Interesse denn je.

Noch 1746 schreibt C. E. GELLERT zur Charakterisierung von Steinen: »Steine nennet man diejenigen Koerper, die sich im Wasser nicht aufloesen, unter dem Hammer nicht treiben lassen, die im Feuer nicht brennen, feuerbestaendig sind, und <u>feste zusammen halten</u>.«

Daß dem aber - zumindest auf Dauer - nicht so ist, kann jeder aufmerksame Beobachter an zahlreichen Gebäuden, Monumenten und Grabmälern aus Stein feststellen.

Bei Sandsteinen kann man sich noch am ehesten erklären, daß sie verwittern; daß aber Marmore und sogar Granite (das Sinnbild des »Harten« und »Unzerstörbaren«) durch Umwelteinflüsse an Substanz verlieren, leuchtet zunächst nicht ein. Die vorliegende Arbeit legt dar, wie vor allem durch den Faktor Feuchtigkeit auch harte Gesteine zermürbt werden können.

Die Untersuchungen hierzu sind im wesentlichen in München im Institut für Allgemeine und Angewandte Geologie der Ludwig-Maximilians-Universität sowie im Zentrallabor des Bayerischen Landesamtes für Denkmalpflege (BLfD) durchgeführt worden.

Mein besonderer Dank gilt meinem geschätzten Lehrer, Herrn Prof. Dr. W.-D. GRIMM, für die persönliche und wissenschaftliche Förderung sowie für sein anhaltendes und wohlwollendes Interesse am Gelingen der Arbeit.

Herzlich danken möchte ich auch Herrn Dr. R. SNETHLAGE für die vielfältigen Anregungen und intensiven Diskussionen, für seine immerwährende Geduld bei Problemen aller Art sowie für die Erlaubnis der Benutzung der Laboreinrichtungen des BLfD-Zentrallabors.

Dem Institutsleiter Prof. Dr. H. MILLER sowie dem ehemaligen kommissarischen Institutsleiter Prof. Dr. K. WEBER-DIEFENBACH danke ich für die Erlaubnis zur Benutzung der Institutseinrichtungen.

Der LMU MÜNCHEN gilt mein Dank für die Gewährung eines zweijährigen Stipendiums, dem Bundesministerium für Forschung und Technologie (BMFT) für die Bereitstellung von Sachmitteln.

Für interessante Diskussionen und Anregungen bin ich meinen ehemaligen Kommilitonen Dr. H. ETTL, Dr. H. SCHUH, Dr. U. SCHWARZ und J. VÖLKL sehr dankbar.

Außerdem möchte ich mich bedanken bei meinen Arbeitskollegen - allen voran L. SATTLER und Dr. E. WENDLER - sowie dem Leiter unserer Arbeitsgruppe Prof. Dr. D. D. KLEMM für den Erfahrungsaustausch und die stets rege Anteilnahme am Fortgang meiner Arbeit.

Ebenso Dank gebührt allen Diplomanden und Doktoranden der BMFT-Arbeitsgruppe BAU 5015 E (Ltg. Prof. Dr. W.-D. GRIMM) für die Unterstützung bei meiner Arbeit.

Herrn V. TUCIC, BLfD-Zentrallabor, danke ich besonders für die Hilfeleistung und Beratung bei Meßkampagnen.

Hervorheben möchte ich auch Frau B. SOMMER, Geologisches Institut, die immer eine bewundernswerte Geduld für die Lösung meiner Literatur-Probleme aufgebracht hat. Auch allen anderen Mitarbeitern des Geologischen Institutes und des Zentrallabors sei an dieser Stelle noch einmal gedankt.

Mein Dank gilt auch allen Damen und Herren der auswärtigen Institute und Labors, die mir bei der Bestimmung von Materialkennwerten behilflich gewesen sind; stellvertretend für alle möchte ich Dr. B. FITZNER (Aachen), Dr. E. HUENGES (Bonn), W. KÖHLER (Potsdam), Dr. J. KROPP (Karlsruhe) und Dr. E. NÄGELE (Kassel) nennen.

Ein ganz besonders herzliches Dankeschön gilt meiner Frau und meinen Eltern, die nicht nur die lange Zeit der Arbeit geduldig ertragen haben, sondern auch immer mit wertvollen Ratschlägen und Hilfestellungen zur Seite gestanden sind.

1. Einleitung und Problemstellung

Naturwerksteine beinhalten immer Feuchtigkeit. Abgesehen vom Regen resultiert dies zum einen daraus, daß sie den in der Luft befindlichen Wasserdampf (vgl. Abb. 1) durch Prozesse wie Adsorption, Kondensation und Kapillarkondensation aufnehmen. Zum anderen kommt es aufgrund ihrer Kapillarkraft zu einer Aufnahme der Bodenfeuchte bei verbauten Steinen mit Bodenkontakt.

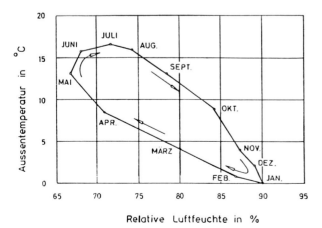

Abb. 1: Monatsmittelwerte der relativen Feuchte und der Temperatur im Freien im Jahresgang (aus KLOPFER 1985: Bild 2.4).

An Bauten und figürlichen Darstellungen aus Naturwerkstein entstehen viele Schäden in Folge von Feuchtigkeitsaufnahme bzw. -abgabe, d.h. ganz allgemein durch den Feuchtigkeitswechsel und die dadurch bedingte Feuchtigkeitswanderung innerhalb des Gesteins.

Die Migration von Wasserdampf und Wasser im Gestein ist u.a. abhängig von der Größe und Geometrie der Poren. Auch hängt die Frostbeständigkeit von seiner Porenstruktur ab.

Obwohl der Porenraum von Graniten und Marmoren jeweils klein ist, verwittern manche Sorten stark (Abb. 2 u. 3).

Eine Darstellung des Porenraumes dieser beiden Arten kristalliner Naturwerksteine ist in der Literatur weitgehend vernachlässigt worden.

Um deshalb grundsätzlich eine Vorstellung von den Wegen des migrierenden Wassers zu bekommen, beschäftigt sich die Dissertation zunächst vornehmlich mit der Bestimmung von Hohlraumparametern. Die insgesamt vier hierfür ausgewählten Marmore und Granite stammen aus einer Serie von über 150 verschiedenen kristallinen Naturwerksteinen, die zu Beginn der Arbeit auf Wasseraufnahme, Porosität, Roh- und Reindichte hin untersucht worden sind (vgl. Anhang I.).

Einen zentralen Punkt dieser Dissertation bildet die Herausarbeitung der Bedeutung des Porenraums als wichtigem petrophysikalischem Strukturparameter für das Verwitterungsverhalten von kristallinen Naturwerksteinen.

In einem weiteren Teil wird der Einfluß der Wassermigration im Porenraum auf die Verwitterungsprozesse bei Graniten und Marmoren dargestellt.

Abb. 2: Feinkörniger verwitterter Granit (Typus Nammering/Bayer. Wald), Fassade der TU München (vgl. STOIS 1935: Abb. 39 und GRIMM & SCHWARZ 1985: Abb. 87)

Abb. 3: Verwitterte Marmorfigur des Grabmals ZENETTI im Alten Südlichen Friedhof zu München

2. Untersuchte Gesteinsarten

Im Rahmen dieser Arbeit sind weit über 100 verschiedene kristalline Naturwerksteinarten bezüglich ihrer Wasseraufnahme, ihrer Porosität, ihres Sättigungsgrades und ihrer Dichten untersucht worden (vgl. I. im Anhang). Aufgrund ihrer gesteinsphysikalischen Eigenschaften und ihres Verwendungszwecks sind zwei bayerische Granite (der Granit Nammering-Gelb aus dem Bayerischen Wald und der Kösseine-Granit aus dem Fichtelgebirge) sowie zwei italienische Marmore (der Carrara-Marmor und der Laaser Marmor aus dem Etschtal) für weitere Untersuchungen ausgewählt worden.

Der Granit Nammering-Gelb ist ein Vertreter der weit verbreiteten feinkörnigen Granite aus dem Bayerischen Wald (Bayerwald-Granite); er selbst hat die höchste Wasseraufnahme aller untersuchten Granite. Der bläuliche Kösseine-Granit ist wohl einer der »besten« bayerischen Granite; er weist sowohl eine geringe Porosität als auch eine geringe Wasseraufnahme auf. Der bekannteste aller Naturwerksteine, der Carrara-Marmor, sowie der Laaser Marmor bewegen sich mit ihren Wasseraufnahme- und Porositätswerten im Durchschnitt aller Marmore.

2.1. Probenbeschaffung

Die Proben der über 100 kristallinen Gesteinsarten sind z.T. in den Steinbrüchen vor Ort besorgt worden, teilweise bei Steinmetzbetrieben in München und Augsburg sowie bei den Natursteinmessen 1985 und 1987 in Nürnberg.

Die vier ausgewählten Gesteinsarten sind alle in den Steinbrüchen selbst bzw. in den dort ansässigen steinverarbeitenden Betrieben beschafft worden.

Um alle Untersuchungsergebnisse untereinander vergleichen zu können, sind die für die einzelnen Messungen benötigten Gesteinsproben aus einem einzigen Gesteinsblock der jeweiligen Gesteinsart gewonnen worden.

In den Abb. 4 - 7 sind Teilansichten der vier Steinbrüche dargestellt, aus denen das Untersuchungsmaterial stammt.

Abb. 4: Teilansicht des Steinbruchs in Nammering

2.2. Gesteinsbeschreibung

GRANIT NAMMERING-GELB

Vorkommen: Nammering im Bayerischen Wald, nordwestlich von Passau; Abbau im Steinbruch Fa. BAUER

Geologisches Alter: Oberkarbon (ca. 300 Mill. Jahre)
Geologische Stellung: Gruppe der Hauzenberg I-Granite im Bayerwald-Massiv

Megaskopische Beschreibung und Mineralgefüge: Mittel-

körniger (ø 1,5 mm), gelblicher bis blaßgelber Zweiglimmergranit; fein- bis mittelkörnige Quarze, weißliche Feldspäte (Plagioklase teilweise serizitisiert) und feinverteilter Biotit, oft in Nestern angereichert

Mineralbestand: Quarz (25-30%), Alkalifeldspat (30-35%), Plagioklase (25-30%), Muskovit (1-5%), Biotit (5-10%), Akzessorien (bis 2,5%): Andalusit, Apatit, Chlorit, Erze, Rutil, Sillimanit, Turmalin, Zirkon. Umwandlungsprodukte: Pennin, Leukoxen, Hämatit

Verwendung: vor allem im Bayerischen Wald

Abb. 5: Granit-Steinbruch bei Schurbach nahe der Kösseine

Abb. 6: Marmorsteinbruch im Colonnata-Tal oberhalb Carrara

Abb. 7: Teilansicht des Göflaner Marmorbruchs oberhalb von Laas

Abb. 8:
Gesteinsdünnschliff (Polarisationsmikroskop, x Nicols) des
Granits Nammering-Gelb (Bildausschnitt ca. 1,7 cm x 1,1 cm).

Abb. 9:
Gesteinsdünnschliff (Polarisationsmikroskop, x Nicols) des
Kösseine-Granits (Bildausschnitt
ca. 1,7 cm x 1,1 cm).

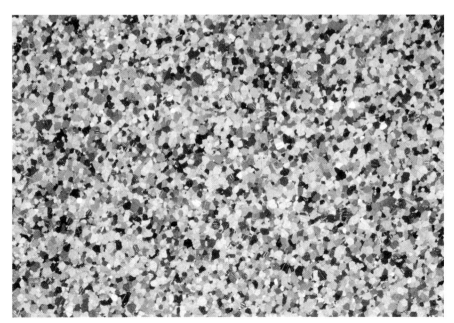

Abb. 10:
Gesteinsdünnschliff (Polarisationsmikroskop, x Nicols) des
Carrara-Marmors (Bildausschnitt
ca. 1,7 cm x 1,1 cm).

Abb. 11:
Gesteinsdünnschliff (Polarisationsmikroskop, x Nicols) des Laaser Marmors (Bildausschnitt ca. 1,7 cm x 1,1 cm).

Literatur:

HIRSCHWALD	1912
DIENEMANN & BURRE	1929
BGL	1986

GRANIT KÖSSEINE

Vorkommen: Nördlich, östlich und südlich des Kösseinemassivs im Fichtelgebirge, nordöstlich von Bayreuth; von den ehemals 8 Steinbrüchen befinden sich noch 4 bei Schurbach in Betrieb

Geologisches Alter: Oberkarbon (ca. 300 Mill. Jahre)
Geologische Stellung: Gruppe der randlichen Kerngranite des Fichtelgebirges (Fichtelgebirgskerngranit)

Megaskopische Beschreibung und Mineralgefüge: Grobkörniger (ø 5 mm), hellgrau bläulicher bis blaugrauer, serialporphyrischer Zweiglimmergranit; große bläulichgraue Feldspäte (Mikrokline), durchscheinend milchiger Quarz, auffallende Muskovitschuppen, Biotitnester und Erzkörner

Mineralbestand: Quarz (35-37%), Alkalifeldspat (38-41%), Plagioklase (12-17%), Muskovit (2-5%), Biotit (5-8%), Akzessorien (bis 2,5%): Apatit, Chlorit, Erze, Lepidolith, Monazit, Rutil, Turmalin, Xenotim, Zinnwaldit, Zirkon. Assimilation von Nebengestein: Andalusit, Sillimanit, Cordierit, Granat, Spinell

Verwendung: weltweit; neben den schwedischen Rotgraniten der weltweit am weitesten verbreitete europäische Granit

Literatur:

MACHERT	1894	MÜLLER	1979
LUCZIZKY	1905	RICHTER &	
GÄBERT et al.	1915	STETTNER	1979
DIENEMANN & BURRE	1929	MÜLLER	1984
REIS	1935	BGL	1986
SCHMIDT	1950	MÜLLER	o.J.

MARMOR CARRARA

Vorkommen: Carrara (Provinz Carrara-Massa) in den Apuanischen Alpen (Toscana), südöstlich von La Spezia; Abbau in sehr vielen Brüchen in der ganzen Region

Geologisches Alter: Unterlias (ca. 170 Mill. Jahre)

Geologische Stellung: Autochthon gebildeter Marmor der Toskanikum-Fazies; durch Deckenüberschiebung der ligurischen Decke bei der alpidischen Orogenese epizonal metamorphisiert

Megaskopische Beschreibung und Mineralgefüge: Feinkörniger (ø 0,4 mm), weißer bis grauweißer Marmor; metamorphes Wachstum, kristallines Gefüge

Mineralbestand: Calcit (99%), Quarz, Chlorit, Graphit, Pyrit (?)

Verwendung: weltweit der am meisten verwendete Marmor

Literatur:

HIRSCHWALD	1912	MANNONI	1980
REIS	1935	MÜLLER	1984
ALCKENS	1938	MÜLLER	o.J.
SCHÖNENBERG	1971		

MARMOR LAAS

Vorkommen: Laas im Etschtal, westlich von Meran und Bozen; Abbau in zwei Brüchen auf der Südseite des Etschtales

Geologisches Alter: Paläozoikum, wahrscheinlich Devon (ca. 370 Mill. Jahre)
Geologische Stellung: Im nordöstlichen Bereich des Campo-Kristallins, an der Grenze zum Ötztalkristallin; während der variszischen und alpidischen Orogenese metamorphisiert

Megaskopische Beschreibung und Mineralgefüge: Mittelkörniger (ø 1,1 mm), fast rein weißer Marmor; metamorphes Wachstum, kristallines Gefüge

Mineralbestand: Calcit (99%), Dolomit, Quarz, Chlorit, Tremolit, Pyrit (?)

Verwendung: weltweit (u.a. Asien u. Amerika)

Literatur:

HIRSCHWALD	1912	KONNERTH	1977
STOIS	1933	MÜLLER	1984
REIS	1935	MÜLLER	o.J.
ALCKENS	1938		

3. Gesteinsphysikalische Parameter und Eigenschaften

3.1. Feststoffanteil der Gesteine

Die Mineralkörner sind bei Kristallingesteinen eng aneinanderliegend; eine wie bei Sandsteinen die einzelnen Körner verbindende Matrix existiert nicht.

3.1.1. Kornform

Die Kornform ist neben der Korngröße und der Korngrößenverteilung eine wichtige strukturelle Eigenschaft der kristallinen Naturwerksteine. Sie ist mitbestimmend für die Korn-zu-Korn-Kontakte, für die Geometrie des Porenraums und den Durchströmungswiderstand der Fluide im Porenraum.

Beim Granit Nammering-Gelb ist die Kornform des Quarzes in der Regel xenomorph. Die Plagioklase und Alkalifeldspäte erscheinen im Dünnschliff meist hypidiomorph, selten idiomorph.

Wie beim obigen Stein sind beim Kösseine-Granit die Quarze xenomorpher Gestalt. Die Körner der beiden Feldspatarten besitzen in der Regel eine hypidiomorphe Form.

Der Calcit des Carrara-Marmor tritt meist xenomorph auf, stellenweise aber auch hypidiomorph bis idiomorph.

Beim Laaser Marmor sind die Calcite fast immer xenomorph ausgebildet, manchmal auch hypidiomorph bis idiomorph.

3.1.2. Korngröße und Korngrößenverteilung

Die Bestimmung der Korngrößen und der Korngrößenverteilung erfolgt bei diesen kristallinen Gesteinen - im Gegensatz zu den Sandsteinen (SCHUH 1987: 65) - mit Hilfe der halbautomatischen Bildanalyse. Bei dem Verfahren der halbautomatischen Bildanalyse werden die auf einem Bildschirm gezeigten Körner eines Dünnschliffes mittels eines sog. Stylus (Digitalisierstift) auf dem Digitalisierbrett umfahren. Wenn ein Kreis geschlossen wird, registriert der Computer die umschriebene Fläche, den Umfang, den äquivalenten Korndurchmesser und auf Wunsch auch das äquivalente Kugelvolumen des Mineralkorns.

Bei diesem Verfahren erhält man bei der Häufigkeitsverteilung eine Angabe in Korn-%, nicht aber in Flächen-% oder gar Gew.-%.

Um eine repräsentative Korngrößenverteilung zu bekommen, sollte man 500 - 1000 Mineralkörner pro Schliff auszählen.

Gerätetechnisch bedingt sind bei der Anlage am hiesigen Institut nur Korngrößen bis zu einem Durchmesser von knapp 1,6 mm meßbar. Größere Korndurchmesser - wie sie beim Kösseine-Granit auftreten - kann man direkt von Dünnschliffen mit dieser Apparatur nicht erfassen. Die Korngrößenverteilungskurve des Kösseine-Granits ist über mehrere Fotos von Dünnschliffen direkt auf dem Digitalisierbrett erzeugt worden.

Die Betrachtung mit der Lupe zeigt, daß die kennzeichnende Korngröße des Granits Nammering-Gelb 1 - 1,5 mm beträgt. Die häufigste Korngröße liegt nach Auswertung der halbautomatischen Bildanalyse bei ca. 0,2 mm (vgl. Abb. 12). Man muß dabei natürlich beachten, daß man mit der Bildanalyse ein zweidimensionales Auswerteverfahren zur Hand hat, mit dem man nie zu große, bestenfalls gleichgroße, aber meistens zu kleine Korngrößen im Vergleich zu den tatsächlichen Korngrößen mißt. Die durchschschnittliche Korngröße der Alkalifeldspäte liegt bei 5 - 6 mm. In Abbildung 13 ist zum Vergleich die Korngrößenverteilung der halbautomatischen Bildanalyse der der vollautomatischen Methode gegenübergestellt, die auf der Grauwerte-Erfassung basiert. Wie erwartet, zeigt die vollautomatische Bildanalyse ein Übergewicht an kleinen Korngrößen, weil sie oft - systembedingt - ein Korn (das z.B. teilweise ausgelöscht) als zwei oder mehrere Körner erkennt. Ebenso werden mit dieser Methode je nach Software randlich abgeschnittene Körner als kleinere Körner erfaßt.

Der mittlere kennzeichnende Korndurchmesser des Kösseine-Granits bewegt sich bei 5 mm. Gut 25 mm im Durchmesser können die größten Alkalifeldspäte werden. Die Bildanalyse-Auswertung zeigt, daß die meisten Körner dieses Granits einen Durchmesser von ca. 1 mm besitzen (Abb. 14), viele aber auch größer als 10 mm sind.

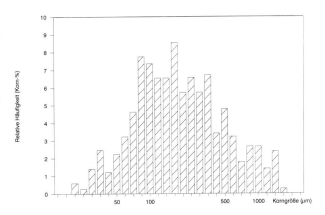

Abb. 12: Korngrößenverteilung Granit Nammering-Gelb (halbautomatische Bildanalyse)

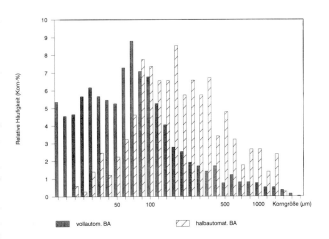

Abb. 13: Vergleich der Korngrößenverteilungen des Granits Nammering-Gelb, mit halbautomatischer und vollautomatischer Bildanalyse erstellt

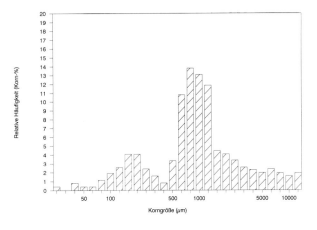

Abb. 14: Korngrößenverteilung Kösseine Granit (halbautomatische Bildanalyse)

18

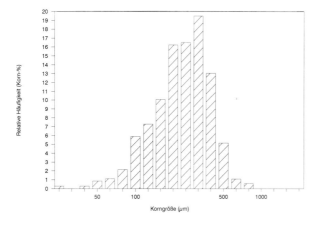
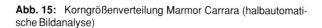

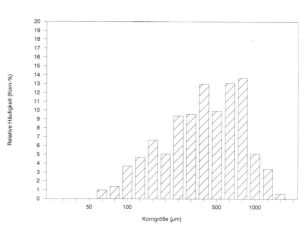

Abb. 15: Korngrößenverteilung Marmor Carrara (halbautomatische Bildanalyse)

Abb. 16: Korngrößenverteilung Marmor Laas (halbautomatische Bildanalyse)

Der durchschnittliche kennzeichnende Korndurchmesser des Carrara-Marmors beträgt - megaskopisch bestimmt - 0,4 mm, der häufigste ist nach der halbautomatischen Bildanalyse ca. 0,3 mm.

Die mittlere Korngröße des Laaser Marmors liegt bei 1,1 mm. Die Auswertung der halbautomatischen Bildanalyse liefert als häufigsten Korndurchmesser 0,6 mm.

In den Abb. 15 - 16 sind die Korngrößenverteilungskurven der beiden Marmore abgebildet, die mit dem halbautomatischen Bildanalyse-Verfahren erstellt worden sind. Wie oben erwähnt, zeigen diese Auswertungen Verteilungen, die mehr kleine Korngrößen anzeigen als tatsächlich existieren.

3.1.3. Kornbindung und Kornkontakte

Im Gegensatz zu den Sandsteinen gibt es bei den Marmoren und Graniten eine unmittelbare Kornbindung ohne dazwischenliegendes Bindemittel. Bei den Marmoren vermutet man (SNETHLAGE 1988), daß die einzelnen Calcitkristalle durch Hydrathüllenbildung zusammenhalten, bei Graniten kommt dazu noch die durch die Genese bedingte intensive Verzahnung der einzelnen Mineralpartikel.

Ob als adhäsive Kräfte bei Marmoren und Graniten zusammengewachsene elektrische Doppelschichten in Betracht kommen, ist letztendlich noch nicht geklärt.

3.1.4. Phasengrenzflächen im Gestein

Um die physikalischen Parameter eines Gesteins zu beschreiben, reicht es nicht, allein die Eigenschaften des Gesteinsgerüstes (feste Phase) und die der Porenraumfüllung (gasförmige oder flüssige Phase) getrennt zu betrachten. Entlang der Phasengrenzfläche entsteht tatsächlich ein Bereich, in dem sich bedingt durch die unterschiedliche atomistische Struktur und die Wechselwirkung beider Phasen eine eigene Grenzschichtphase zwischen freiem Porenraum und Festkörper ausbildet, die in ihren Eigenschaften (physikalisch) deutlich von denen der freien Phasen differiert (STOCKHAUSEN 1981: 16 ff., RIEPE 1984: 11 ff.).

Die Ursachen einer freien Grenzschicht als separate Phase mit veränderten physikalischen Eigenschaften sind allgemein die an jeder Phasengrenze auftretenden unausgeglichenen Energieverhältnisse in den äußersten Atom- oder Moleküllagen der sonst homogenen Phasen. Dies bedingt die Ausbildung von Oberflächenpotentialen, die in der thermodynamischen Betrachtungsweise als freie Grenzflächenenthalpie definiert werden können (vgl. Kap. 4.1.1. ff.).

3.2. Porenraum

Der Porenraum von Marmoren und Graniten besteht in der Regel aus vollständig miteinander verbundenen Porenkanälen. Sackporen und völlig isolierte Poren treten so gut wie nicht auf (vgl. Abb. 18 und 19).

3.2.1. Porosität

Die Porosität ist eine der wichtigsten integralen Materialeigenschaften von Gesteinen; es gibt kaum eine physikalische Gesteinseigenschaft, die nicht - direkt oder indirekt - von der Porosität beeinflußt wird.

Bei kristallinen Gesteinen kann die Porosität vorkommen als
- intergranulare Porosität (Hohlraum zwischen den Mineralen)
- intragranulare Porosität (Hohlraum innerhalb der Minerale)
- Riß/Kluftporosität (vor allem bei verwitterten Proben)
- kavernöse Porosität (durch verwitterungsbedingte Auslaugungen).

Die intergranulare Porosität bildet den Hauptanteil an der Porosität der vier untersuchten kristallinen Naturwerksteine.

Hinsichtlich der Funktion wird die Porosität in drei Arten aufgeteilt:
- Fließ- und Durchflußporosität
- Diffusionsporosität
- Rest- oder Residualporosität.

3.2.1.1. Messung der Porosität

Die Bestimmung der Porosität kann mit verschiedenen Methoden vorgenommen werden (Tab. 1). In der Praxis hat sich die Sättigungs- oder Auftriebsmethode bewährt. Durch sie wird der zugängliche Porenraum (Nutzporosität) erfaßt und als prozentualer Anteil am Gesamtvolumen des Gesteins ausgedrückt. Das Gesamtvolumen setzt sich aus dem »Gesteinsgerüstvolumen« und dem Porenvolumen zusammen.

Mit den bei dieser Methode gemessenen Daten kann man auch noch zusätzlich die Roh- und Reindichte bestimmen (vgl. Kap. 3.3.).

Bei der Erstellung der Porenradienverteilung mit Hilfe der Quecksilberporosimetrie wird auch immer die Porosität bestimmt. Der Tabelle 1 kann man entnehmen, daß bei den Porositätsmessungen mittels der Auftriebsmethode und der Hg-Porosimetrie geringe Unterschiede auftreten (vgl. auch FITZNER 1988: Tab. 3). Sie beruhen auf den unterschiedlichen Probengrößen - eine Gesteinsprobe für die Hg-Porosimetrie ist kaum mehr als 2 cm³ groß -, was bei vielen Gesteinen nicht repräsentativ genug ist. Ein weiterer Grund für die Differenzen liegt in der Tatsache, daß Wasser viel weiter in den Porenraum eindringen kann als Quecksilber bei einem Druck von 200 MPa (= 2000 bar).

Eine völlig andere Möglichkeit, die Porosität von Gesteinen abzuschätzen, bietet die Ultraschallmessung. Anhand der Schallgeschwindigkeiten des Gesteins, der Minerale und der Porenfüllung läßt sich die Porosität abschätzen (siehe Kap. 3.5.1.1.).

Tab. 1: Ergebnisse der Porositätsmessungen mit der Auftriebsmethode und der Quecksilberporosimetrie (von jeweils mind. 5 Proben)

| Gestein | Porosität in Vol% | |
	Auftriebsmethode	Hg-Porosimetrie
Granit NAMMERING	$2,35 \pm 0,11$	$2,22 \pm 0,30$
Granit KÖSSEINE	$0,71 \pm 0,07$	$0,68 \pm 0,38$
Marmor CARRARA	$0,59 \pm 0,19$	$0,68 \pm 0,51$
Marmor LAAS	$0,54 \pm 0,13$	$0,73 \pm 0,39$

Der Granit Nammering-Gelb ist mit einer Porosität von 2,35 Vol% der poröseste aller bayerischen Granite, die als Naturwerksteine verwendet werden; sein Hohlraumvolumen ist 3 mal größer als das des Kösseine-Granits. Der Nammeringer Granit hat damit auch die Fähigkeit, mehr Wasser aufzunehmen und folglich auch mehr Schadstoffe, die zu einer schnelleren Verwitterung beitragen.

Die beiden Marmore haben fast eine gleich große Porosität, die bezüglich anderer Marmore als Mittelwert für diese Gesteinsgruppe gelten kann (vgl. Anhang I.).

3.2.2. Porenform und Porengeometrie

Die Gestalt des Porenraums von kristallinen Gesteinen, d.h. die Form und Größe der Einzelhohlräume, ist jeweils sehr unterschiedlich; sie darzustellen ist ein schwieriges Unterfangen.

Über Porenräume von niedrigporösen Kristallingesteinen (Granite und Marmore) ist in der Literatur nur sehr wenig zu finden.

Unter normalen Umständen kann man Porenräume in Dünnschliffen erkennen. Bei Marmoren und Graniten kann man selbst mit den üblichen Farbimprägnierungsmethoden kaum Porenräume unter dem Lichtmikroskop ausmachen.

Mit dem Rasterelektronenmikroskop (REM) kann man auch Porenräume sichtbar machen. Allerdings ist es bei Anwendung der »Normalpräparation« (abgeschlagene Oberfläche) im REM nicht möglich zu erkennen, welche Risse und Sprünge (→ Porenräume) der Stein ursprünglich gehabt hat und welche durch den Vorgang des Abschlagens entstanden sind. Bei Proben mit abgeschliffener Oberfläche sind keine Korngrenzen zu erkennen. Erst nach einer Anätzung mit diversen Säuren (Essig-, Zitronen- bzw. Ameisensäure) werden die Porenräume (bei Marmoren) sichtbar (vgl. Abb. 17).

Um den Porenraum von diesen Gesteinen dreidimensional darstellen zu können, ist vom Autor ein Verfahren angewendet worden, das sich für Marmore sehr gut eignet.

Zunächst werden Marmorproben mittels einem Volltränkungsverfahren mit Methylmethacrylat (MMA) getränkt, das dann zum Polymethylmethacrylat (PMMA) polymerisiert. Diese Volltränkung mit PMMA ist von der Fa. IBACH in Memmelsdorf bei Bamberg durchgeführt worden. In der Praxis wird dieser Kunststoff zur Konservierung von Sandsteinen und Marmoren verwendet (vgl. Kap. 7.2.).

Das PMMA $(-CH_2-C(CH_3)(COOCH_3)-)_n$ hat eine Dichte von 1,18 g/cm³ und ist weniger viskos als Wasser und kann damit auch in kleinste Porenräume eindringen.

Nach der Präparation mit PMMA werden Probenwürfel auf eine Kantenlänge von 5-6 mm zurechtgeschnitten und in ein Säurebad gelegt. Als Säure hat sich Salzsäure unterschiedlicher Konzentration am besten geeignet. Nach einiger Zeit ist der Calcit des Marmors völlig aufgelöst. Übrig bleibt ein Gerüst aus Acrylharz, das den Porenraum quasi als Negativ darstellt (vgl. Abb. 18 und 19). Der Nachteil dieser Methode ist, daß sich das Acrylharzgerüst nur unter Wasser dreidimensional erhalten läßt. Der Grund liegt wohl darin, daß große Teile der räumlichen Vernetzungen des PMMA durch die Säure zerstört werden.

Das Acrylharzschwämmchen zeigt deutlich, daß auch niederporöse Gesteine aus einem »Geflecht« von miteinander verbundenen Poren bestehen.

Um den Porenraum (= Acrylharzgerüst) auch im Rasterelektronenmikroskop betrachten zu können, ist vom Autor ein Anätzverfahren angewendet worden. Hierbei wird eine Gesteinsprobe mit ihrer Oberfläche in ein Säurebad gehängt, wo eine »schonende« Säure den Stein langsam anätzt. Es sind viele verschiedene Säuren (u.a. Salzsäure, Essigsäure und Zitronensäure) unterschiedlicher Konzentration erprobt worden. Als optimal hat sich eine 10%ige Ameisensäure erwiesen. Es ist eine der wenigen Lösungen, die keine sichtbaren Reaktionsprodukte auf der Ätzfläche hinterläßt.

Abb. 17:
Mit Ameisensäure angeätzte Oberfläche einer Laaser Marmor-Probe

Abb. 18:
Mit PMMA vollgetränkter Laaser Marmor; links ein Probenwürfel mit 8 mm Kantenlänge, rechts das Acrylharzgerüst (= Porengerüst) eines in Salzsäure aufgelösten Probenwürfels

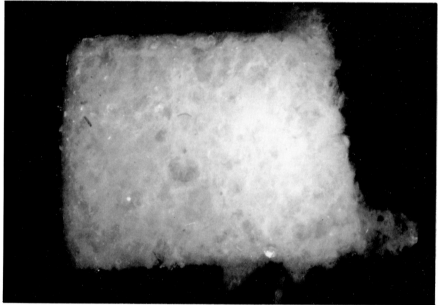

Abb. 19:
Großaufnahme des durch Acrylharz dargestellten Porengerüstes des Laaser Marmors (B x H x T (in mm) 10 x 7 x 7)

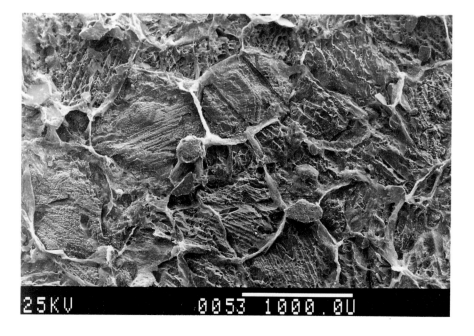

Abb. 20:
Angeätzte Oberfläche einer mit PMMA vollgetränkten Probe aus Laaser Marmor

Klaus POSCHLOD

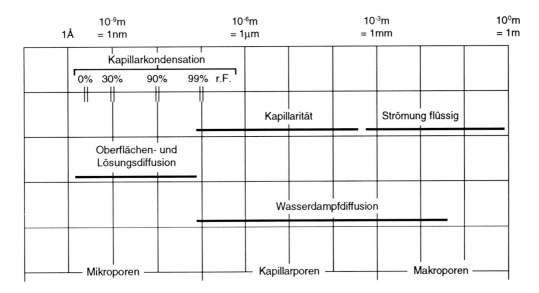

Abb. 21: Wassertransportmechanismen und Benennung der Porengrößenklassen (verändert nach KLOPFER 1985: Bild 3.24)

Auf dem REM-Foto (Abb. 20) kann man sehr gut erkennen, daß der zugängliche Porenraum ein System von Plattenspaltporen darstellt. Größere Leerstellen in der durch eine einheitliche Korngröße ausgezeichneten Struktur sind durch kleine Kristalle ausgefüllt.

Das Porengerüst von Kristallingesteinen kann man also als ein Kluftsystem im Kleinen betrachten.

3.2.3. Porenverteilung

Um bestimmte Migrations- und Kondensationsvorgänge im Gestein nachvollziehen zu können, ist es nötig, die Verteilungskurve der Porenradien zu kennen.

Wie man gut in Abb. 21 erkennen kann, ist bis zu einer Porengröße von 0,1 µm die Oberflächen- und Lösungsdiffusion vorherrschend (KLOPFER 1985: 295 ff.). In den Porenräumen mit einem Durchmesser zwischen 0,1 µm und 1 mm ist die Kapillarität die »wassertreibende« Kraft. In den Porenräumen mit d > 1 mm kann das Wasser frei fließen und ist weitestgehend nur der Schwerkraft unterworfen.

3.2.3.1. Bestimmung der Porenradienverteilung

Das übliche Verfahren zur Bestimmung der Porenradienverteilung ist die Quecksilberporosimetrie.

Diesem Meßverfahren liegt das Kapillargesetz zugrunde. Für nicht benetzende Flüssigkeiten mit einem Randwinkel $\theta > 90°$ besagt das Gesetz, daß zu jedem Kapillarradius r ein bestimmter Druck p angegeben werden kann, den man aufbringen muß, um eine bestimmte Flüssigkeit (Hg) in die Kapillare hineinzupressen.

Nach folgendem Gesetz wird der der jeweiligen Druckstufe entsprechende Radius bestimmt.

$$(1) \quad r = \frac{2\sigma \cdot \cos\theta}{p}$$

r (m) = Kapillarradius
σ (N/m) = Oberflächenspannung
θ (–) = Randwinkel
p (Pa) = Druck

Für den Randwinkel von Hg wird üblicherweise 141,3° angesetzt; die Oberflächenspannung des Hg beträgt 0,48 N/m. Zwischen Druck und Porenradius besteht nach Umwandlung obiger Gleichung folgende Beziehung:

$$(2) \quad r \, (\mu m) = \frac{7,5}{p \, (bar)}$$

Die am häufigsten verwendeten Geräte können Drücke bis 200 MPa (= 2000 bar) erzeugen, was einem Porenradius von 3,75

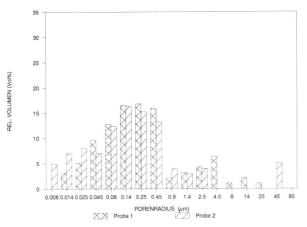

Abb. 22: Porenradienverteilung Granit Nammering-Gelb (2 Beispiele)

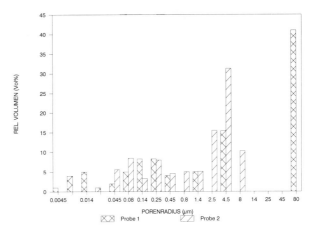

Abb. 23: Porenradienverteilung Granit Kösseine (2 Beispiele)

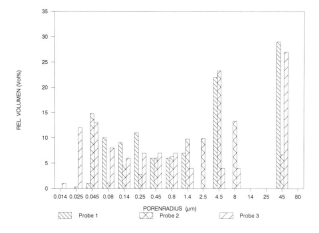

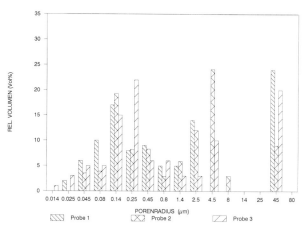

Abb. 24: Porenradienverteilung Marmor Carrara (3 Beispiele)

Abb. 25: Porenradienverteilung Marmor Laas (3 Beispiele)

nm oder 37,5 Å entspricht; allerneueste Geräte können sogar den doppelten Druck erzeugen.

Die errechneten Porenradien sind Radien von Zylinderporen, d.h. elliptische Poren werden als solche nicht erfaßt, sondern nur deren äquivalenter Radius.

Die Plattenspaltporen der Marmore und Granite sind mit der herkömmlichen Verteilungskurve natürlich nur annäherungsweise darstellbar. Bezüglich der Wassermigration ist dieses Problem zweitrangig, weil das eindringende Wasser immer pro Porenquerschnitt betrachtet wird.

Die Quecksilberporosimetrie-Untersuchungen an den Graniten und Marmoren sind an vier verschiedenen Instituten bzw. Firmen durchgeführt worden (RWTH Aachen, BEB Hannover, GH Kassel und TU München-Pasing). Die Ergebnisse sind sehr unterschiedlich und zum Teil nicht vergleichbar, weil drei verschiedene Geräte zum Einsatz gekommen sind.

Ein allgemeiner Trend läßt sich aber dennoch feststellen: Die Kurven der Porenradienverteilungen des Granits Nammering-Gelb sind aufgrund seiner Feinkörnigkeit immerhin im Bereich von etwa 0,05 bis 0,25 μm gut übereinstimmend; als Beispiel sind Verteilungskurven zweier Proben in Abb. 22 dargestellt.

Beim Kösseine-Granit sieht das Bild aufgrund seiner großen Feldspäte ungleich inhomogener aus; in der Abb. 23 sind zwei Extrembeispiele der Verteilungskurven dieses Granits abgebildet. Beim Kösseine-Granit gleicht keine Porenradienverteilung der anderen, was die Grenzen der Quecksilberporosimetrie mit aller Deutlichkeit aufzeigt.

Im Gegensatz zu den Graniten haben die Marmore eine sehr homogene, aber ungleich auffallendere Porenradienverteilungen. Die Verteilungskurven von jeweils drei Proben je Marmor sind in den beiden Abb. 24 u. 25 zu erkennen. Kennzeichnend für beide Marmorarten ist die Porenradienklasse mit 45 μm, die zunächst gar nicht in das Erscheinungsbild eines Marmors paßt, zumal man im Mikroskop keine Poren dieser Größe erkennen kann.

Die in den Abb. 22 - 25 dargestellten Porenradienverteilungen sind mit Geräten der Fa. CARLO ERBA ermittelt worden.

Wie in Kap. 3.2.2. aber schon dargelegt, haben Marmore keine Zylinderporen, sondern sog. Plattenspaltporen; diese geringmächtigen, aber ziemlich breiten Poren täuschen einen Porenradius von 45 μm vor.

Um die an den verschiedenen Geräten bestimmten Porenradienverteilungen vergleichen zu können, muß man die Ergebnisse in Form kennzeichnender Porendurchmesser umrechnen (vgl. Tab. 2).

D_{50} stellt den 50%-Wert der Verteilungskurve dar, D_{mf} den »most frequent pore diameter« (der am häufigsten auftretende Porendurchmesser) und D_{gss} die Porengrößenklasse mit der größten inneren Oberfläche. Zum Vergleich wird der hydrauli-

sche Durchmesser D_H angefügt, der sich nach folgender Formel berechnet:

$$(3) \quad D_H = \frac{2\,V_P}{O_i \cdot m} = \frac{2 \cdot P}{O_i \cdot \rho_{roh}}$$

P (Vol%)	=	Porosität
V_P (m³)	=	Porenvolumen
O_i (m²/g)	=	Innere Oberfläche
m (kg)	=	Masse
ρ_{roh} (g/cm³)	=	Rohdichte

Tab. 2: Kennzeichnende Porendurchmesser

Gestein	D_{50} (μm)	D_{mf} (μm)	D_{gss} (μm)	D_H (μm)
Granit NAMMERING	0,245	0,590	0,086	0,071
Granit KÖSSEINE	6,790	9,000	0,053	0,061
Marmor CARRARA	3,876	9,000	0,100	0,112
Marmor LAAS	1,627	9,000	0,145	0,133

Anhand dieser Tabelle, die die Durchschnittswerte aller rund 30 Messungen zur Porenradienverteilung enthält, kann man feststellen, daß die beiden Granite einen völlig unterschiedlichen Porenaufbau bezüglich der Größe und Verteilung aufweisen. Der Kösseine-Granit hat im Verhältnis wesentlich mehr größere Porenradien als der Nammeringer Granit bei gleichzeitig kleinerer innerer Oberfläche. Das mag - neben der insgesamt viel geringeren Porosität - einer der Gründe sein, daß der Kösseine-Granit eine stabilere Granitvariante darstellt.

Der Carrara-Marmor besitzt mehr Poren im Bereich unter 0,1 μm als derjenige aus Laas; das hat zur Folge, daß bei einer relativen Luftfeuchte nahe 100 % bis zu einem Drittel des Porenraums durch Kapillarkondensation vollständig mit Wasser gefüllt ist. Dasselbe trifft für den Granit Nammering-Gelb zu.

3.2.4. Innere Oberfläche

Jede Oberfläche eines Gesteins ist in mehr oder weniger starkem Maße rauh. Deshalb muß man sich darüber klar werden, mit welchen Methoden man dieses komplizierte Gebilde als eine zweidimensionale Maßgröße untersucht.

Je kleiner der Maßstab - oder richtiger: die Maßfläche - gewählt wird, einen desto größeren Wert ergibt die gemeinsame Oberfläche. Dieser Umstand ist bekannt als das »Coast-Line-of-Britain-Problem« (die Länge der Küstenlinie hängt jeweils vom Maßstab der Karte ab). Eine Grenze ist nur durch die atomistische Struktur der Materie gegeben, durch die der Begriff »Innere Oberfläche« im Molekularbereich völlig seinen Sinn verliert, etwa vergleichbar den Sandkörnern der Küstenlinie (SCHOPPER 1982: 268).

Den wahren Wert der inneren Oberfläche wird man wohl nie messen können; man sollte das Meßverfahren - soweit es möglich ist - nach der Problemstellung wählen.

Die innere oder spezifische Oberfläche eines Gesteins stellt die Gesamtheit der Grenzflächen des porösen Gesteins dar. Die Messung der inneren Oberfläche ist deshalb interessant, weil sie Aussagen über die Größe der an Reaktionen beteiligten Oberflächen ermöglicht.

3.2.4.1. Bestimmung der inneren Oberfläche

Eine Vorstellung von der Vielfalt der Oberflächenstrukturen ermöglicht in der Regel die Rasterelektronenmikroskopie, mit der bei einem theoretischen Auflösungsvermögen bis herab zu einigen Nanometern zumindest qualitativ die wichtigsten Strukturprinzipien auf den Oberflächen der Minerale erkannt werden können.

Bei kristallinen Naturwerksteinen ist es schwierig, eine REM-Probe so zu präparieren, daß man definitiv die Oberflächenzone eines Mineralkorns erzeugt.

Es gibt mehrere Methoden, die innere oder spezifische Oberfläche (O_i) mit der Einheit m^2/g zu bestimmen (POSCHLOD & GRIMM 1988).

Von den bekannten Meßmethoden sind die zuverlässigsten Verfahren mit der höchsten Auflösung die Adsorptionsmethoden. Als Maßstab werden Moleküle benützt; damit ist gewährleistet, daß die innere Oberfläche für alle chemischen und für viele physikalischen Reaktionen richtig gemessen wird. Die Voraussetzung dafür allerdings ist, daß die Monoschichtmenge zur vollständigen Bedeckung der Oberfläche mit dem Adsorbat bestimmt werden kann und daß der Flächenbedarf des Adsorbatmoleküls bekannt und unabhängig von der Oberfläche ist.

Als Sorptiv wird vor allem Stickstoff oder ein Edelgas bei 77 oder 90 K verwendet.

Aus der mit Hilfe der BET-Methode (BRUNAUER, EMMETT & TELLER 1938) erhaltenen Adsorptivisotherme kann man dann die innere Oberfläche berechnen.

Am häufigsten wird die Stickstoffsorptionsmethode (N_2) angewendet; diese Methode liefert meßtechnisch bedingt aber erst ab einer Größe von etwa 0,2 m^2/g brauchbare Werte.

Eine weitere Möglichkeit der Bestimmung der inneren Oberfläche ist die Berechnung aus Daten, die man bei der Quecksilberporosimetrie erhält: mit dem konstanten Verhältnis von Oberfläche zu Volumen bei Annahme von Zylinderporen (HgZyl) kann man für jede Porenradienklasse die entsprechende innere Oberfläche bestimmen und sie dann zur Gesamtoberfläche aufsummieren:

$$(4) \quad \frac{O}{V} = \frac{2\pi \cdot r \cdot h}{\pi \cdot r^2 \cdot h} = \frac{2}{r}$$

O (m^2) = Oberfläche
V (m^3) = Volumen
r (m) = Radius
h (m) = Höhe

Hier stellt sich wieder die Frage (vgl. Kap. 3.2.4.), welche untere Radiengrenze noch zu einer »sinnvollen« inneren Oberfläche beiträgt. Ein Kriterium, das die Größe des kleinsten Maßstabes festlegt, ist die Mächtigkeit bzw. Dicke der wirksamen elektrolytischen Doppelschicht der Mineraloberflächen, die kleine Poren überbrückt. Die Dicke dieser Schicht ist einige Nanometer dick, so daß bei 200 MPa (= 2000 bar) Hg-Druck, die zur »sinnvollen« inneren Oberfläche beitragende kleinste Pore gemessen wird.

Bei Annahme von Plattenspaltporen (HgPla), wie sie z.B. bei den Marmoren vorliegen, ergibt das vom Autor entwickelte Verfahren den tatsächlichen Gegebenheiten entsprechendere Werte über die innere Oberfläche von kristallinen Naturwerksteinen:

Der Abschnitt einer Modellpore hat dann nicht die Form einer Röhre, sondern die eines prismatischen Körpers mit den Maßen Höhe h x Breite b x Dicke d.

Bei analoger Anwendung obiger Gleichung ergibt sich:

$$(5) \quad \frac{O}{V} = \frac{2(b \cdot h) + 2(d \cdot h)}{b \cdot d \cdot h} = \frac{2(b+d)}{b \cdot d}$$

O (m^2) = Oberfläche
V (m^3) = Volumen
b (m) = Breite
h (m) = Höhe
d (m) = Dicke

Die Querschnittsfläche $b \cdot d$ entspricht πr^2 bei einer zylindrischen Pore. Beim Vermessen der »Poren« in Abb. 20 kommt man zu dem ungefähren Verhältnis Dicke d : Breite b gleich 1 : 10. Daraus folgt $d = 0,1\,b$. Über $b = \pi r^2/d$ kann man dann die entsprechende Oberfläche des Gesteins ausrechnen. b entspricht dann $\sqrt{10}\sqrt{\pi} \cdot r$ ($\approx 5,605\,r$). Beim Einsetzen in Gleichung 5 ergibt sich:

$$(6) \quad \frac{O}{V} = \frac{2(\sqrt{10}\sqrt{\pi} \cdot r + 0,1 \cdot \sqrt{10}\sqrt{\pi} \cdot r)}{\pi r^2} = \frac{2,2 \cdot \sqrt{10}\sqrt{\pi}}{\pi r} \approx \frac{3,925}{r}$$

Auch mit Hilfe der halbautomatischen Bildanalyse (BA) kann die innere Oberfläche mit einer vom Autor entwickelten Methode bestimmt werden (vgl. Kap. 3.1.2.). Dieses Verfahren eignet sich besonders für Gesteine mit sehr kleiner innerer Oberfläche ($O_i < 0,2\,m^2/g$) und relativ kugelnahen Körnern, wie Marmore sie besitzen. Hierbei werden die bei der Korngrößenverteilung (Kap. 3.1.2.) gewonnenen Daten mittels nachfolgender Formel (7) umgerechnet:

$$(7) \quad O_i = \frac{\Sigma A \cdot 4}{\Sigma V \cdot \rho_{roh}}$$

ΣA (m^2) = Summe der Querschnittsfläche aller gezählten Körner
ΣV (m^3) = Summe der Körner-Volumen
ρ_{roh} (g/cm^3) = Rohdichte

Die Ergebnisse der 4 verschiedenen Bestimmungsmethoden sind in Tab. 3 dargestellt.

Die Streubreite der Oberflächenwerte ist relativ groß; beim Kösseine Granit, dessen Feldspäte teilweise größer als die Proben für die Porenradienverteilung sind, sind deshalb 2 verschiedene Werte angegeben:
a) mit Partien von Feldspat, Quarz und Glimmer
b) hauptsächlich Feldspat.

Tab. 3: Innere Oberfläche

Gestein	N_2 (m^2/g)	HgZyl (m^2/g)	HgPla (m^2/g)	BA (m^2/g)
Granit NAMMERING	0,258	0,260	0,510	- - -
Granit KÖSSEINE a)	(0,150)	0,101	0,198	- - -
Granit KÖSSEINE b)	(0,000)	0,012	0,024	- - -
Marmor CARRARA	(< 0,010)	0,024	0,047	0,007
Marmor LAAS	(< 0,010)	0,017	0,033	0,006

Eine weitere Möglichkeit, die innere Oberfläche zu bestimmen, stellt die Röntgen-Kleinwinkelstreuung dar (BIER & HILSDORF 1985: 2 ff.). Die Werte bei dieser Methode liegen grundsätzlich höher als bei allen anderen Verfahren. Dies liegt daran, daß bei der Röntgen-Kleinwinkelstreuung auch Poren, die für Adsorptionsmessungen nicht mehr erreichbar sind, erfaßt werden. Die innere Oberfläche des Granits Nammering-Gelb beträgt 5,1 m²/g bei 58% r.F., d.h. etwa 20 mal mehr als bei der N$_2$-Methode.

Beim Carrara-Marmor ist hier die gemessene innere Oberfläche über 100 mal größer: 3,4 m²/g bei 58% r.F..

Die Messungen hierzu sind freundlicherweise von J. VÖLKL am Baustoffinstitut, Abt. Werkstoffphysik, der TU München in Pasing durchgeführt worden.

Mit Hilfe von Wasserdampfsorptionsisothermen läßt sich die innere Oberfläche auch berechnen (SNETHLAGE 1983). Ein Nachteil dieser Methode ist, daß damit nur ein ganz bestimmter Ausschnitt des Porengrößenspektrums erfaßt wird.

Bei bekannter Porosität und bekannter Permeabilität eines Granits oder Marmors kann man mit Hilfe der abgewandelten KOZENY-CARMAN-Gleichung und den gesteinsspezifischen Konstantenwerten auch die ungefähre innere Oberfläche bestimmen (vgl. Kap. 4.6.3.4.).

3.3. Rein- und Rohdichte

Nach der DIN 52102 (Ausgabe 1988) sind in Zukunft statt dem Begriff Reindichte das Wort Dichte zu verwenden und statt Rohdichte Trockenrohdichte. Da die neue Regelung nicht gerade zum besseren Verständnis beiträgt, ist in dieser Arbeit auf die neueren Begriffe zugunsten der alten, aber einleuchtenderen verzichtet worden.

Die Reindichte (Quotient aus Gewicht und Gesteinsgerüstvolumen) und die Rohdichte (Quotient aus Gewicht und Volumen von Gesteinsgerüst und Porenraum) werden am genauesten mit der Auftriebsmethode bestimmt. Messungen der Reindichte mit dem Luftpyknometer und dem Heliumpyknometer führen im günstigsten Fall zu Abweichungen von bis zu 0,15 g/cm³. Die Schwankungsbreite des Wertes bei der Auftriebsmethode liegt bei ± 0,015 g/cm³.

Die Auftriebsmethode ist in den Kap. 4.3 ff. beschrieben.

Mit den bei diesem Verfahren erhaltenen Gewichtsdaten lassen sich die Dichten nach folgenden Formeln berechnen:

$$(8) \quad \rho_{rein} = \frac{m_t \cdot \rho_{H2O}}{m_t - m_{au}}$$

ρ_{rein} (g/cm³)	= Reindichte
ρ_{roh} (g/cm³)	= Rohdichte
ρ_{H2O} (g/cm³)	= Dichte H$_2$O
m_t (g)	= Trockengewicht
m_{au} (g)	= Auftriebsgewicht
m_n (g)	= Naßgewicht

$$(9) \quad \rho_{roh} = \frac{m_t \cdot \rho_{H2O}}{m_n - m_{au}}$$

In Tab. 4 sind die Ergebnisse der Messungen (10 Proben je Gestein) mit der Auftriebsmethode dargestellt.

Tab. 4: Rein- und Rohdichte

Gestein	Reindichte (g/cm³)	Rohdichte (g/cm³)
Granit NAMMERING	2,66 ± 0,02	2,60 ± 0,02
Granit KÖSSEINE	2,69 ± 0,01	2,67 ± 0,01
Marmor CARRARA	2,72 ± 0,005	2,71 ± 0,005
Marmor LAAS	2,72 ± 0,005	2,71 ± 0,005

3.4. Festigkeit

Als ergänzende Untersuchungen sind Festigkeits- und E-Modul-Messungen (vgl. Kap. 3.5.) ausgeführt worden. Sie geben Hinweise auf die Stabilität und Elastizität der Gesteine (mit und ohne Feuchtebelastung) und somit auch auf die Verwitterungsanfälligkeit.

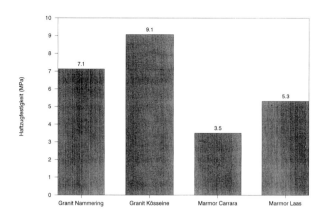

Abb. 26: Haftzugfestigkeit der untersuchten Gesteine

Die häufigsten Parameter, die zur Kennzeichnung der Festigkeit von Naturwerksteinen verwendet werden, sind die Druckfestigkeit, die Biegezugfestigkeit und die Haftzugfestigkeit bzw. Abreißfestigkeit.

Neben der Biegezugfestigkeit ist die Haftzugfestigkeit diejenige Größe, mit der man auf die Widerstandsfähigkeit eines Gesteins gegenüber Verwitterungseinflüssen schließen kann. Die Druckfestigkeit, die vom Korngefüge und der Porosität abhängt, ist für die Erfassung von Verwitterungseinflüssen im allgemeinen ungeeignet, da sie sich bei der Verwitterung zumeist nicht nennenswert verändert.

3.4.1. Haftzugfestigkeit

Die Haftzugfestigkeit bzw. die Abreißfestigkeit ist ein Maß für den Grad der Kohäsion des Mineralverbandes (= Kornbindungskraft) eines Gesteins. Je verschränkter und verzahnter ein Mineralgefüge ist (z.B. bei den Magmatiten), desto größer ist die Haftzugfestigkeit (vgl. Abb. 26).

Mit der Bestimmung der Haftzugfestigkeit kann man folgendes nachvollziehen:
- die Abnahme der Kornbindungskraft bei Verwitterungseinflüssen
- Festigkeitsprofile verwitterter Gesteinsproben (SCHUH 1987: 37 ff.)
- die Zunahme der Festigkeit nach Behandlung mit Steinfestiger
- die Dauerwirkung von Steinfestigungsbehandlungen.

3.4.1.1. Messung der Haftzugfestigkeit

Als günstig zur Messung der Haftzugfestigkeit hat sich ein mobiles hydraulisches Haftzuggerät der Fa. HERION erwiesen. Als Widerlager dient hierbei eine schwere Stahlplatte, auf der die Bohrkernprüflinge mit einem Schnellkleber fixiert werden. Ein Metallstempel, der auf die Oberseite der Prismen geklebt wird, dient zur Kraftübertragung des HERION-Gerätes auf den Stein. Der Bohrkern reißt bei Beanspruchung an seiner schwächsten Stelle.

Die Untersuchungen sind an jeweils 5 Proben je Gestein durchgeführt worden.

In Abb. 26 kann man gut erkennen, daß die beiden magmatischen Gesteine (Granit Nammering 7,1 ± 1,0 MPa und Granit Kösseine 9,1 ± 0,7 MPa) eine wesentlich größere Festigkeit aufweisen, als die beiden Marmore (Carrara 3,5 ± 0,5 MPa und Laas 5,3 ± 0,6 MPa), was aufgrund ihrer stärkeren Mineralverzahnung auch nicht verwunderlich ist. Interessant ist jedoch, daß innerhalb der beiden Gruppen die jeweils grobkörnigere Variante eine höhere Festigkeit aufweist. Zusätzlich durchgeführte Untersuchungen an zwei weiteren Graniten (Granit Flossenbürg Gelbgrau und Balmoral-Granit), die sich in ihrer Korngröße zwischen dem Nammeringer und dem Kösseine Granit bewegen, liegen auf der gleichen Linie. Der oberpfälzische Granit Flossenbürg Gelbgrau weist eine Haftzugfestigkeit von 8,3 ($\pm$ 0,4) MPa auf, der schwedische Rotgranit Balmoral von 8,6 ($\pm$ 0,3) MPa.

Bezüglich der Verwitterungsanfälligkeit eines Gesteins geben die Ergebnisse der Haftzugfestigkeit nach den Erfahrungen des Autors mindestens genauso gute Hinweise auf die Stabilität wie die Bestimmung der biaxialen Biegezugfestigkeit.

3.4.2. Biegezugfestigkeit

Die Biegezugfestigkeit (BZF) gibt an, bei welcher Belastung eine auf zwei Unterstützungen ruhende Gesteinsprobe (Prisma oder Platte) bricht.

In neuerer Zeit kommt vor allem die sog. biaxiale Biegezugfestigkeit als Belastungsgröße zur Anwendung. Hierbei wird eine Gesteinsscheibe auf einen Ring gelegt und mit einem kleinen Ring bis zum Bruch belastet.

Die Ergebnisse dieser Methode sind normalerweise mit den Werten der herkömmlichen Prüfung (einaxiale Biegezugfestigkeit) nur bedingt vergleichbar, stimmen aber im Fall der untersuchten Gesteine weitgehend überein (vgl. Tab 5).

Mit dieser Methode lassen sich sehr differenziert Festigkeitsschwankungen in einem Gestein feststellen, sei es durch Verwitterung (vgl. Kap. 5.2.2.) oder sei es durch eine nachträgliche Festigung durch einen Steinfestiger.

3.4.2.1. Messung der Biegezugfestigkeit

Vom Nammeringer Granit und Laaser Marmor sind an jeweils 4 Proben einaxiale Messungen bei der TU München durchgeführt worden. Die jeweilige Probenkörpergröße ist 16 cm x 4 cm x 4 cm. Die Ergebnisse sind mit Werten aus der Literatur ergänzt worden (Tab. 5).

Die Messungen zur biaxialen Biegezugfestigkeit sind bei allen vier Gesteinen an jeweils 5 Scheiben mit einer Universalprüfmaschine der Fa. ZWICK, Ulm, ausgeführt worden.

Die hierfür nötigen Prüfscheiben haben einen Durchmesser von knapp 75 mm und eine Dicke von ca. 10 mm.

Die Ergebnisse sind zusammen mit denen der einaxialen Biegezugfestigkeit in Tab. 5 dargestellt.

In Abb. 56 (Kap. 5.2.2.) ist als Beispiel das Bruchverhalten des Granits Nammering-Gelb skizziert.

Tab. 5: Biaxiale und einaxiale Biegezugfestigkeit (Werte z.T. aus der Literatur)

Gestein	Biaxiale BZF (MPa)	Einaxiale BZF (MPa)
Granit NAMMERING	11,0 $\pm$ 2,9	9,2 $\pm$ 0,5
Granit KÖSSEINE	17,8 $\pm$ 0,9	18,5 (B,M)
Marmor CARRARA	18,6 $\pm$ 2,9	13,5 $\pm$ 0,5 (E)
		12,1-19,8 (M)
Marmor LAAS	17,3 $\pm$ 1,8	11,9 $\pm$ 0,7
		16,5 (LW)
		18,1 (UM)
		18,5 (UP)
		18,4-19,0 (M)

Erläuterungen der eingeklammerten Buchstaben siehe unter Tab. 6. Werte ohne Erläuterungen sind selbst ermittelt worden.

3.4.3. Druckfestigkeit

Der Vollständigkeit halber sind in untenstehender Tabelle die in der Literatur und in Gutachten zu findenden Werte für die Druckfestigkeit angeführt.

Tab. 6: Druckfestigkeit (Werte aus der Literatur)

Gestein	Druckfestigkeit (MPa)
Granit NAMMERING	198 (L), 208 (H)
Granit KÖSSEINE	157-186 (D), 207 (B,M)
Marmor CARRARA	126-130 (M), 111 (H)
Marmor LAAS	82 (UP), 95 (UN), 97 (H,LW), 114 (UM), 111-122 (M)

In die SI-Einheit MPa umgerechnete Werte aus folgenden Werken:

B = BGL 1986	LW = LGA BAYERN, Würzburg
D = DIENEMANN & BURRE 1929	M = MÜLLER o.J.
E = ERFLE, frdl. Mitt.	UM = Universität Mailand
H = HIRSCHWALD 1912	UN = Columb. Univ. N.Y.
L = LGA BAYERN, Nürnberg	UP = Universität Padua

3.4.4. Vergleich der verschiedenen Festigkeiten

Nach HEYNE (1985) liegt bei Graniten allgemein das Verhältnis der Mittelwerte von (Haft-)Zugfestigkeit, Biegezugfestigkeit und Druckfestigkeit bei $\sigma_Z : \sigma_B : \sigma_D$ = 1 : 1,9 : 15,2.

Beim Granit Nammering ist das Verhältnis $\sigma_Z : \sigma_B : \sigma_D$ = 1 : 1,3 : 28,5, beim Granit Kösseine $\sigma_Z : \sigma_B : \sigma_D$ = 1 : 2,0 : 20,2 ; d.h. der Kösseine-Granit entspricht fast einem Normgranit.

Für die Marmore ergeben sich folgende Mittelwerte der Festigkeitsverhältnisse:

Carrara: $\sigma_Z : \sigma_B : \sigma_D$ = 1 : 4,6 : 35,0
Laas: $\sigma_Z : \sigma_B : \sigma_D$ = 1 : 3,5 : 20,7.

3.4.5. Abhängigkeit der Festigkeit vom Feuchtegehalt

Die Festigkeit von feuchten Marmoren und Graniten ist in der Regel gleich oder geringer als bei trockenen ($\leq$ 50% r.F.). Bei den Marmoren schwankt die Abnahme zwischen 5% und 15%, bei den Graniten zwischen 0% und 10%.

Granite weisen im gefrorenen Zustand grundsätzlich eine geringere Festigkeit als bei Normaltemperaturen auf (HEYNE 1985). Die Druckfestigkeit von Carrara-Marmor ändert sich nach Frosteinwirkung nicht oder nur um 1% (MÜLLER o.J.).

Beim Laaser Marmor verzeichnet man nach einem zweimaligen Frost-Tau-Wechsel-Versuch, der an der Columbia-Universität New York durchgeführt worden ist, eine Abnahme in der Druckfestigkeit von 9,9 %.

3.5. Elastizitäts-Modul

Der Elastizitätsmodul (= E-Modul) beschreibt das elastische Verhalten eines Gesteins.

Mit ihm lassen sich auch Aussagen über den Feuchtegehalt und über den Verwitterungsgrad von Gesteinen treffen. Zudem werden E-Modul-Prüfverfahren in der Verwitterungsforschung für die Verfolgung von Eigenschaftsänderungen wie z.B. bei der Feuchte-, Temperatur- und Frost-Tauwechselbeanspruchung eingesetzt.

Der Elastizitätsmodul ergibt sich nach dem Hookeschen Gesetz als Proportionalitätsfaktor E zwischen angelegter Spannung σ und zugehöriger elastischer Dehnung ϵ_{el}.

$$(10)\quad E = \frac{\sigma}{\epsilon_{el}} = \frac{\sigma \cdot l_o}{\Delta l_{el}}$$

E	(MPa)	= E-Modul
σ	(MPa)	= Spannung
l_o	(mm)	= Ausgangslänge
ϵ_{el}	(-)	= elast. Dehnung
Δl_{el}	(mm)	= elastische Längenänderung

Beim E-Modul wird je nach Beanspruchungsart des Prüfkörpers im Prüfverfahren zwischen dynamischem E-Modul E_{dyn}

und statischem E-Modul E_{stat} unterschieden.

Bei letzterem Bestimmungsverfahren wird der E-Modul durch Belastung des Prüfkörpers ermittelt. Hierbei wird die Gesteinsprobe (meist prismatisch) parallel zu ihrer Längsachse einer Spannung ausgesetzt und die dabei auftretende Längenänderung gemessen.

Der dynamische E-Modul kann am Prüfkörper zerstörungsfrei ermittelt werden. Für diese Bestimmung stehen zwei verschiedene Verfahren zur Verfügung: die Ultraschallprüfung und die Resonanzfrequenzmessung.

3.5.1. Ultraschallprüfung (Impulslaufzeitmessung)

Systematische Untersuchungen von Gesteinen mit Hilfe von Ultraschallmessungen (= Impulslaufzeitmessungen) sind bisher bezüglich der Fragestellung bei Naturwerksteinen kaum durchgeführt worden. Dies liegt daran, daß Gesteine eine verhältnismäßig hohe Schallschwächung besitzen, so daß für die Untersuchungen relativ niedrige Frequenzen (0,25 - 1 MHz) notwendig werden. Bei diesen Frequenzen läßt sich aber der Schall nicht mehr so gebündelt abstrahlen wie bei höheren Frequenzen (bei gleicher Meßkopfgröße). Dadurch können bei diesem Verfahren nur bei ausgefeilter Meßtechnik »brauchbare« Werte erzielt werden, die dann weiter verarbeitet und zu Interpretationen herangezogen werden können.

Bei der Ultraschallprüfung gibt es grundsätzlich zwei verschiedene Verfahren: das Impuls-Echo-Verfahren und das Durchschallungsverfahren.

Bei ersterem Verfahren befinden sich der Impulsgeber (Sender) und der Impulsaufnehmer (Empfänger) in einem einzigen Meßkopf, beim anderen Verfahren ist der Empfänger auf der gegenüberliegenden Seite des Senders an der Gesteinsprobe angebracht.

Bei der Impulslaufzeitmessung durchläuft ein Ultraschallimpuls eine Meßstrecke l in der Zeit t (= Geschwindigkeit v) in einem Gestein mit der Rohdichte $_{roh}$. Der dynamische E-Modul wird nach folgender Formel berechnet:

(11) $E_{dyn} = \rho_{roh} \cdot v^2 \cdot (1 + v)(1 - 2v) / (1 - v)$

v (m/s) = Longitudinalwellengeschwindigkeit
v (–) = Poissonsche Querdehnungszahl

Die Poissonsche Querdehnungszahl, die immer $\leq 0,5$ ist, kann über die Transversalwellengeschwindigkeit errechnet werden; sie ist allerdings nur mit einem speziellen Impulsgeber genau meßbar. Mit einem diffizilen Verfahren, das Herr KROMPHOLZ aus Pirna (frdl. Mitt.) entwickelt hat, kann man die Poisson-Zahl auch mit Hilfe eines Longitudinalwellen-Schwingers bestimmen, allerdings nur an Bohrkernen, deren Länge mindestens zweimal so groß wie deren Durchmesser ist. In der Regel wird sie mit Hilfe von Literaturwerten vergleichbarer Gesteine abgeschätzt (z.B. GEBRANDE 1982: 41-74, STÄDTLER 1973: 75-85).

Zur Messung des dynamischen E-Moduls im Fraunhofer-Institut für Bauphysik in Holzkirchen ist ein Gerät der Fa. KRAUTKRÄMER (Modell USIP 12) verwendet worden, das nach dem Prinzip des Impuls-Echo-Verfahrens mißt. Als Unterlage der Gesteinsproben dient eine Stahlplatte, auf der Probe wird der Meßkopf fixiert. Die Schallwellen werden an der Grenzfläche Gesteinsprobe - Stahlplatte reflektiert. Die elektrisch gemessene Laufzeit des Schallimpulses zwischen Sender und Empfänger wird beim Echoverfahren halbiert, um daraus mit Hilfe der Probenlänge die Geschwindigkeit zu errechnen. Die Messungen sind pro Gesteinsart an mindestens 5 Proben bei einer Frequenz von 1 MHz durchgeführt worden, als Poissonsche Querdehnungszahl ist bei den Graniten 0, bei den Marmoren 0,2 verwendet worden; die Ergebnisse sind in Tabelle 7 (Kap. 3.5.3.) zusammengefaßt.

3.5.1.1. Abhängigkeit der Schallgeschwindigkeit von Gesteinsparametern

Mit Hilfe des Durchschallungsverfahrens (Frequenz 0,25 MHz) versucht KÖHLER (1988), über die Schallwellenlaufzeit den Erhaltungszustand von Objekten aus Marmor zu quantifizieren.

Da die Laufgeschwindigkeit longitudinaler Wellen durch die Porosität entscheidend beeinflußt wird, kann man anhand der Laufzeit Rückschlüsse auf die Aufweitung des Porenraums und somit die Verwitterung ziehen.

Bei intensiver Untersuchung verschiedener Gesteinsarten kann man über die Laufgeschwindigkeit sogar näherungsweise die Porosität bestimmen. Die Gesamtlaufzeit der Longitudinalwellen durch das Gestein setzt sich aus der Laufzeit der festen Gesteinsbestandteile (Minerale) und der der Porenfüllung zusammen; nach folgender Gleichung (umgewandelt nach WYLLIE, GREGORY & GARONER 1956) läßt sich dann die Porosität grob abschätzen (die Formel gilt in erster Linie nur für schwach verfestigte Gesteine mit Zylinderporen):

(12) $P = \dfrac{v_P (v_M - v_G)}{v_G (v_M - v_P)}$

v_G (m/s) = Schallgeschwindigkeit (Gestein)
v_M (m/s) = Schallgeschwindigkeit (Minerale)
v_P (m/s) = Schallgeschwindigkeit (Porenfüllung)
P (Vol%) = Porosität

3.5.2. Resonanzfrequenzmessung

Beim Resonanzfrequenzverfahren wird ein Probekörper durch eine bestimmte Frequenz, die Resonanzfrequenz, in seiner Eigenschwingung erregt, so daß sich stehende Wellen ausbilden.

Es ist jedoch im Gegensatz zum anderen Verfahren nur für Laboruntersuchungen geeignet, weil für das in »Resonanz bringen« einer Gesteinsprobe eine Beschränkung der Prüfkörperabmessungen Voraussetzung ist.

Bei der Resonanzfrequenzmessung wird die Gesteinsprobe mit einer Art Klöppel in Schwingungen versetzt, die von einem Aufnehmer in elektrische Spannungen verwandelt werden. In Abhängigkeit von der geometrischen Form des Gesteinskörpers wird der vom Gerät angezeigte dimensionslose Wert (möglicherweise ein sog. Flächenträgheitsmoment) mittels komplizierter empirischer Formeln in den dynamischen E-Modul umgerechnet.

Für quaderförmige Prüfkörper (Länge $\geq$ 4 x Breite/Höhe) lautet die Beziehung:

(13) $E_{dyn} = \dfrac{m}{b \cdot R^2} \cdot \left[\dfrac{l^3}{h^3} \cdot 3933,2 + \dfrac{l}{h} \cdot 22653 \right]$

Für zylindrische Körper (l $\geq$ 2 x Durchmesser) kommt folgende empirische Formel zur Anwendung:

(14) $E_{dyn} = \dfrac{5,4 \cdot 10^7 \cdot m \cdot l}{d^2 \cdot R^2}$

m (g) = Gewicht   h (mm) = Höhe
R (–) = Anzeige des   b (mm) = Breite
        Meßgerätes   d (mm) = Durchmesser
l (mm) = Länge

Die Untersuchungen sind an mindestens 5 Proben je Gestein mit Hilfe eines Gerätes der Marke GRINDOSONIC mit freundlicher Genehmigung von Herrn RAACKE (TU München) am hiesigen Institut durchgeführt worden.

Die Messungen haben bei gleichen Gesteinen nicht immer

die gleichen Werte wie mit der Methode der Impulslaufzeitmessung ergeben (vgl. Laaser Marmor in Tab. 7); deshalb ist es sinnvoll, bei der Angabe des dynamischen E-Moduls immer die Meßmethode mit anzugeben.

Außerdem haben die E-Modul-Messungen nach der Resonanzfrequenz-Methode bei gleichen Gesteinen verschiedener geometrischer Form verschiedene E-Moduln ergeben; d.h. Werte von prismatischen und zylindrischen Probekörpern kann man nicht untereinander vergleichen (vgl. Laaser Marmor in Tab. 7).

3.5.3. Vergleich der Impulslaufzeit-Methode und der Resonanzfrequenzmethode

Wie oben schon mehrfach angedeutet und wie man aus Tab. 7 erkennen kann, sind die Ergebnisse keineswegs vergleichbar.

Es ist bestenfalls eine Tendenz erkennbar.

Ein weiteres Phänomen tritt bei der Befeuchtung der Gesteinsproben auf: Der dynamische E-Modul nach der Resonanzfrequenzmethode ist bei wassergesättigten Proben nicht meßbar, d.h. der wassergesättigte Körper kommt nicht ins Schwingen. Nach der Impulslaufzeit-Methode nimmt der E-Modul bei allen vier Gesteinen mit steigender Feuchte tendenziell zu, während nach der Resonanzfrequenzmethode die E-Modul-Größe etwa gleichbleibt. Die beiden Methoden reagieren auf Feuchtigkeit also sehr unterschiedlich.

Für die Untersuchung von Naturwerksteinen ist wohl die Methode der Impulslaufzeitmessung am geeignetsten, trotz ihrer großen Streubreite. Diese Methode kann man bei bekannten Daten bestimmter Gesteine dergestalt einsetzen, daß man aufgrund der Meßergebnisse auf den Feuchtegehalt des Gesteins zurückschließen kann, sogar am Gebäude. Ideale Voraussetzungen dazu bieten allerdings nur relativ homogene Gesteine wie Basalte (KRAUTKRÄMER & KRAUTKRÄMER 1975: 559). Bei Graniten und insbesondere bei Marmoren gibt es bei der Messung der Schallgeschwindigkeiten innerhalb des selben Blocks auffallende Unterschiede (vgl. Tab. 7 unten). Dies hängt wohl mit der zu hoch angesetzten Frequenz (1 MHz) des Ultraschalls zusammen. Zum Vergleich sind Messungen mit 0,5 MHz (vgl. Kap. 7.2.) an frischen und an Acrylharzvollgetränkten Marmorproben durchgeführt worden, bei denen dieses Phänomen nicht aufgetreten ist.

Tab. 7: Dynamische E-Moduln; Meßwerte nach der Impulslaufzeit-Methode (ILM) und der Resonanzfrequenzmethode bei prismatischen (RFMP) und bei zylindrischen (RFMZ) Prüfkörpern; oberhalb der ILM-Meßwerte steht die jeweilige Longitudinalwellengeschwindigkeit (ILM-v_L)

Gestein Verfahren	bei 0 % r.F./21°C	bei 50 % r.F./21°C	bei Wassersättigung	bei 0 % r.F./60°C
Granit NAMMERING				
ILM-v_L (m/s)	2940 ± 160	3070 ± 150	3730 ± 440	– – –
ILM (GPa)	$22,5 \pm 2,5$	$24,5 \pm 2,5$	$36,5 \pm 9,0$	– – –
RFMP (GPa)	$22,0 \pm 0,8$	$21,5 \pm 0,5$	nicht meßb.	$24,0 \pm 0,5$
RFMZ (GPa)	– – –	– – –	nicht meßb.	
Granit KÖSSEINE				
ILM-v_L (m/s)	4010 ± 220	4280 ± 130	5150 ± 210	– – –
ILM (GPa)	$48,0 \pm 5,0$	$49,0 \pm 3,0$	$71,0 \pm 6,0$	– – –
RFMP (GPa)	– – –	– – –	nicht meßb.	– – –
RFMZ (GPa)	$47,0 \pm 0,4$	$46,2 \pm 0,2$	nicht meßb.	$46,8 \pm 0,8$
Marmor CARRARA				
ILM-v_L (m/s)	3270 ± 320	3430 ± 310	5390 ± 170	– – –
ILM (GPa)	$26,1 \pm 5,4$	$28,8 \pm 5,4$	$71,1 \pm 4,5$	– – –
RFMP (GPa)	– – –	– – –	nicht meßb.	– – –
RFMZ (GPa)	$27,2 \pm 1,4$	$27,6 \pm 1,5$	nicht meßb.	$26,5 \pm 1,1$
Marmor LAAS				
ILM-v_L (m/s)	2580 ± 70	2820 ± 170	3860 ± 410	– – –
ILM (GPa) (*)	$16,2 \pm 0,9$	$20,0 \pm 2,9$	$36,5 \pm 8,1$	– – –
RFMP (GPa)	$37,0 \pm 1,3$	$37,5 \pm 1,5$	nicht meßb.	$47,5 \pm 2,0$
RFMZ (GPa)	$26,6 \pm 1,4$	$27,0 \pm 1,3$	nicht meßb.	$26,6 \pm 1,5$

(*) Bei Prüfkörpern des Laaser Marmors vom selben Gesteinsblock wurden bei der Impulslaufzeitmessung zwei völlig verschiedene Ergebnisreihen an jeweils mindestens drei Proben erzielt:

ILM-v_L (m/s)	3740 ± 20	4590 ± 230	– – –	– – –
ILM (GPa)	$33,8 \pm 0,5$	$46,4 \pm 5,0$	– – –	– – –

4. Feuchtehaushalt

4.1. Eigenschaften von Wasser

Wasser ist ein tropfbares Fluid, eine Flüssigkeit. In flüssigem Zustand sind die Teilchen (Moleküle) gegeneinander verschiebbar, schwer zusammendrückbar.

Die Tropfenbildung, d.h. der Zusammenhalt von Wasser, beruht auf den zwischen den Molekülen wirkenden VAN DER WAALS-Kräften.

Das Strukturmodell des H_2O-Moleküls ist ein Tetraeder (vgl. Abb. 27). Die Schwerpunkte der negativen und positiven Ladungen des H_2O-Moleküls fallen nicht in einem Punkt zusammen, man spricht hier deshalb von einem Dipol. Aufgrund des ungewöhnlich hohen Dipolmoments kann man Wasser als eine polymerisierte Flüssigkeit der Formel $(H_2O)_n$ betrachten, wobei die Moleküle unterschiedliche temperatur- und druckabhängige Grade der Polymerisation erreichen. Die polymerisierten Anteile, die strukturell dem Eis entsprechen, machen bei 0°C 25 %, bei 100°C dagegen nur 5 % aus. Die Strukturformel der »Cluster" ist bei 0°C im Mittel $H_{180}O_{90}$, bei 70°C $H_{50}O_{25}$.

Chemisch reines Wasser besteht aus einer Mixtur verschiedener H_2O-Moleküle unterschiedlicher Isotope des Sauerstoffs und des Wasserstoffs, 99,8 % der Moleküle haben die Masse 18($^1H^{16}O^1H$).

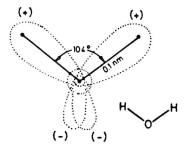

Abb. 27: Wassermolekül, schematisch nach Bjerrum (aus KLOPFER 1985: Bild 1.1)

4.1.1. Aufbau der Hydrathülle im Porenraum

Die Grundlage zur Ausbildung von Hydrathüllen (im Porenraum) sind die Dipoleigenschaften des Wassermoleküls. Zwischen den Mineralpartikeln bilden sich in der Regel folgende Wasserschichten aus:
– STERN-Schicht (feste Wasserhülle)

- GOUY-CHAPMAN-Lage (Diffuse Doppelschicht)
- freies Porenwasser.

4.1.1.1. STERN-Schicht

Die STERN-Schicht liegt direkt auf der Mineraloberfläche auf. Sie ist besonders stark an negative Mineraloberflächen gebunden. Diese Hydratlage ist zweigeteilt (YARIV & CROSS 1979: 142f., RIEPE 1984: 36) in:
- die innere HELMHOLTZ-Ebene (IHP) und
- die äußere HELMHOLTZ-Ebene (OHP).

Die IHP stellt eine Ebene entlang der Ladungsmittelpunkte der monomolekularen Belegung der spezifisch adsorbierten Wasserdipole (bzw. Anionen) dar. Die OHP wird als Ebene entlang der Ladungsschwerpunkte der im äußersten noch zur STERN-Schicht gehörenden fest gebundenen Kationen bezeichnet. In der äußeren HELMHOLTZ-Ebene liegen auch unregelmäßig orientierte Wassermoleküle (vgl. Abb. 28).

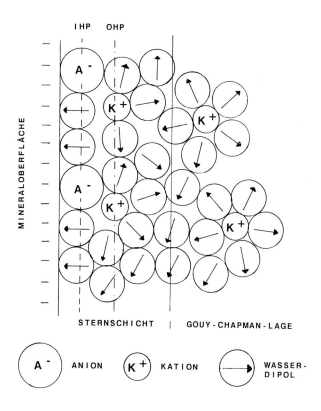

Abb. 28: Aufbau der Hydrathüllen (verändert nach RIEPE 1984: Abb. 2.12)

Das Wasser dieser Schicht besitzt eine Dichte von 1,4 - 1,7 g/cm³; die Viskosität dieses Wassers beträgt um das 100-fache des freien Wassers (YONG & WARKENTIN 1975: 49), der Adsorptionsdruck beläuft sich auf einige 1000 MPa (GRÜNDER 1978: 5). Ein Gestein gibt Wasser der STERN-Schicht erst ab Temperaturen von 140 - 350°C ab.

Die Grenze der STERN-Schicht zur GOUY-CHAPMAN-Schicht hin liegt grob gesehen an der Außenkante der Hydrathüllen der neben der OHP liegenden Moleküle bzw. Ionen.

Als Begrenzung der STERN-Schicht wird auch oft die sog. Scherebene gewählt, die bedeutsam bei der Beschreibung von elektrokinetischen und hydrodynamischen Phänomenen ist. Ihre genaue Lage ist sowohl abhängig von den hydraulischen Bedingungen als auch von den elektrischen Ladungsverhältnissen und wird durch das Zeta-Potential (vgl. Kap. 4.5.) charakterisiert.

Den stark vereinfacht dargestellten Potentialverlauf in den 4 Bereichen der Hydrathülle kann man in Abb. 29 verfolgen.

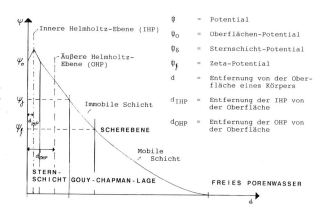

Abb. 29: Schematischer Potentialverlauf in der elektrischen »Tripleschicht« gemäß der in obiger Abbildung dargestellten Verteilung der Wasserdipole und Ionen in der STERN-Schicht (verändert nach RIEPE 1984: Abb. 2.12).

4.1.1.2. GOUY-CHAPMAN-Lage

Die GOUY-CHAPMAN-Lage - auch Diffuse Doppelschicht genannt - stellt den Übergangsbereich vom festgebundenen Wasser (STERN-Schicht) zum freien Porenwasser dar.

Nach der Gleichung (aus GRÜNDER 1978: 6)

$$(15) \quad d = \frac{1}{\varepsilon \cdot 10^7 \cdot z \cdot \sqrt{c}}$$

d (mm) = Schichtdicke
ε (F/m) = Dielektrizitätskonstante von Wasser
z (–) = Wertigkeit der angelagerten Ionen
c (–) = Konzentration angelagerten Ionen

kann die Dicke der GOUY-CHAPMAN-Lage berechnet werden.

Die Diffusen Doppellagen der verschiedenen Mineralpartikel stoßen sich proportional zur Elektrolytkonzentration und umgekehrt proportional zu ihrer Dicke gegenseitig ab. Bestimmende Parameter sind Konzentration und Wertigkeit der beteiligten Kationen.

Nach GRÜNDER (1980) wird Wasser durch osmotischen Druck zwischen die Mineralpartikel gezogen und drängt diese auseinander. Daraus folgen Quellungsvorgänge und somit ein Verlust an Bindungsstärke. Bei einer erzwungenen Annäherung auf weniger als 0,15 µm wird eine gemeinsame Wasserhülle geschaffen, d.h. die gegenseitige Abstoßung überwunden (→ Kapillarkondensation).

Die Dichte dieses Wassers beträgt etwa 1,3 g/cm³; bei Erhitzung auf Temperaturen von 100 bis 140°C kann dieses Wasser vom Gestein abgegeben werden.

4.1.1.3. Freies Porenwasser

Das freie Porenwasser kann im Gegensatz zum gebundenen Porenwasser vom Gestein bereits ab einer Temperatur von über 30°C abgegeben werden. Bei 105°C ist kein freies Porenwasser im Gestein.

Nach DIETRICH (1981: 13 ff.) beschränkt sich das Vorkommen von freiem Porenwasser auf Porenradien von 0,1 µm und größer. STOCKHAUSEN (1981: 13) schreibt, daß reines Wasser, dessen Eigenschaften im wesentlichen durch Volumeneffekte bestimmt sind (= »bulk«-Wasser), sich in Poren mit einem hydraulischen Radius $r_H > 0{,}1$ µm befindet. Bei KLOPFER (1985: 337) beginnt das bewegliche Wasser (durch Kapillaraktivität gesteuert) auch etwa ab einem Radius von 0,1 µm (vgl. Abb. 21).

4.2. Sorptionseigenschaften

Unter Sorption versteht man eine Ab- oder Anreicherung von Molekülen oder Atomen einer oder mehrerer Molekülsorten aus einer flüssigen oder gasförmigen Phase an der Oberfläche eines Festkörpers. Die für den Ablauf der Adsorption bzw. Desorption erforderliche Energie wird als Aktivierungsenergie bezeichnet.

Die Kenntnis der Sorptionseigenschaften von Gesteinen ist wichtig, um Aussagen über ihre hygroskopische Wasseraufnahmefähigkeit sowie die Adsorption von Schadgasen machen zu können. Außerdem können mit den Untersuchungen Anhaltspunkte über die innere Oberfläche der Gesteine gewonnen werden.

Bei der Sorption muß man zwischen der Physisorption und der Chemisorption unterscheiden. Erstere entsteht durch kleine VAN DER WAALS-Kräfte; hierbei bleiben der Adsorbt bzw. Migrant sowie die Gesteinsoberfläche (= Adsorbens) stofflich unverändert. Im Falle der Chemisorption treten beachtliche Kräfte auf, die von einer elektronischen Wechselwirkung (homöopolare Bindung) begleitet sind (vgl. Abb. 30).

4.2.1. Adsorption

Wie schon im vorhergehenden Kapitel angesprochen wurde, muß man bei der Adsorption zwischen der Physi- und Chemisorption trennen.

Dies sei am Beispiel des Quarzes demonstriert: Beim Auftreffen von Wasser auf die SiO_2-Oberfläche erfolgt zuerst eine Chemisorption der H_2O-Molekel, erst danach kann eine Physisorption auftreten (vgl. Abb 30). Die Chemisorption ist bei Zimmertemperatur irreversibel, die Physisorption dagegen reversibel. Erst bei Temperaturen zwischen 180°C und 400°C ist auch die Chemisorption reversibel. Beim Trocknen eines Steines bei 110°C desorbiert also der wesentliche Teil des physisorbierten Wassers, während das chemisorbierte Wasser weiterhin an den Mineralen haftet. Der genaue Aufbau des »Haftwassers« ist in Kap. 4.1. dargestellt.

Bemerkenswert ist, daß die innere Oberfläche von SiO_2-Granulat, wie sie aus einer Adsorptionsisotherme mit Wasser nach der BET-Theorie erhalten wird (vgl. Kap. 3.2.4.1.), nur etwa 12 - 25 % der mittels Stickstoffsorption erhaltenen Oberfläche ist (YOUNG 1958). Folglich muß der für die Wassersorption aktive Anteil der SiO_2-Oberfläche relativ klein sein.

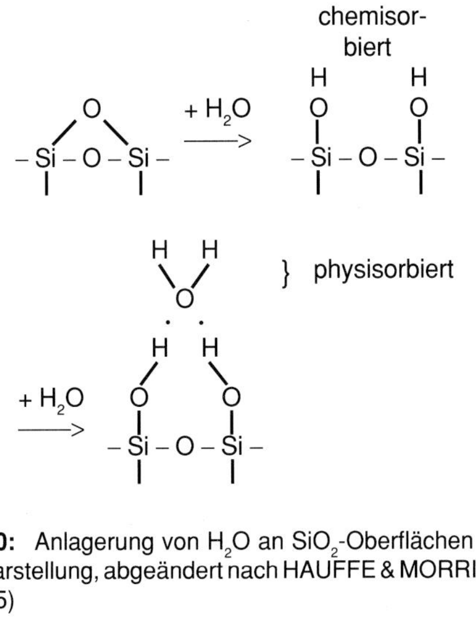

Abb. 30: Anlagerung von H_2O an SiO_2-Oberflächen (schematische Darstellung, abgeändert nach HAUFFE & MORRISON 1974: Abb. 2.5)

Neben der oben beschriebenen normalen Adsorption von Wasser kommt es bei Gesteinen auch noch zur Kapillarkondensation: In kleinen Porenkanälen (r < 100 nm) ist der Sättigungsdampfdruck so niedrig, daß es in den Kanälchen außer zur Adsorption auch zur Kondensation (vgl. Kap. 4.2.4.) kommen kann (KLOPFER 1985: 289f.).

4.2.2. Desorption

Die Desorption bedeutet im Falle der kristallinen Naturwerksteine die Desorbierung der physisorbierten Wassermoleküle. Sie tritt sofort bei der Abnahme der relativen Luftfeuchte ein, allerdings in einem weitaus geringeren Maß als bei der Adsorption. Das ist darauf zurückzuführen,daß die Aktivierungsenergie für die Desorption von Wasser größer oder gleich der Adsorptionswärme ist.

Bei der Verminderung der Luftfeuchte auf nahe 0 % r.F. gibt der Stein in der Regel nicht alles Wasser ab, das er adsorptiv aufgenommen hat. Die Desorption bei Marmoren läuft nach nicht geläufigen Mustern ab, die wie viele den Marmor betreffende Phänomene (vgl. Abb. 33 u. 34 sowie Kap. 4.7.) aus dem für Gesteine sonst üblichen Rahmen fällt.

4.2.3. Messung der Wasserdampfsorptionsisothermen

Die Form der Sorptionsisothermen ermöglicht Rückschlüsse auf den Porenraum und damit auf sein Verhalten beim Transport von Wasser. Die Sorptionsisothermen der Gesteine werden aus der Gewichtszunahme von Proben ermittelt, die verschieden hohen Luftfeuchtigkeiten ausgesetzt sind. Die Luftfeuchtigkeiten werden über gesättigten Salzlösungen eingestellt, mit folgender Stufung: 12 %, 35 %, 45 %, 52 %, 66 %, 75 %, 87 %, und 95 % r.F.. Nach der Trocknung der Probe im Trockenschrank wird sie zur Abkühlung über Silicagel im Exsikkator gelagert, wo etwa eine Luftfeuchte von ca. 5 % r.F. herrscht. Zum Abschluß des Adsorptionszyklus werden die Proben über H_2O gelagert ($\leq$ 100 % r.F.).

Aus dem 100%-Wert und dem Wg,a-Wert (vgl. Kap.4.3.1.) kann man den Sättigungskoeffizienten S_{Sor} bestimmen (vgl. Tab. 8).

Tab. 8: Sättigungskoeffizient S_{Sor} (100%-Sorptionswert/Wg,a-Wert)

Gestein	100%-Sorptionswert (Gew%)	Wg,a (Gew%)	S_{Sor} (----)
Granit NAMMERING	0,40 ± 0,04	0,76 ± 0,05	0,53
Granit KÖSSEINE	0,21 ± 0,01	0,21 ± 0,01	1,00
Marmor CARRARA	0,14 ± 0,03	0,18 ± 0,04	0,78
Marmor LAAS	0,12 ± 0,02	0,15 ± 0,03	0,80

Auffallend ist der S_{Sor} des Kösseine-Granits mit 1,00. Dies bedeutet, daß der Kösseine-Granit in 100% rel. Luftfeuchte genausoviel Wasser aufnimmt wie bei einer normalen Wasseraufnahme (unter Atmosphärendruck). Der entscheidende Unterschied aber ist folgender: Im ersten Fall (Feuchtigkeitsaufnahme durch Sorption) sind die kleinen Poren ganz gefüllt und die großen Poren ein- oder mehrlagig mit H_2O-Schichten belegt. Im Falle der Wasseraufnahme sind die ganz kleinen Poren nicht alle mit Wassermolekülen belegt, die großen Poren sind aber alle mit Wasser gefüllt.

Verbindet man nun beide Fälle, d.h. lagert man eine Probe zuerst längere Zeit bei 100% r.F. und läßt sie danach Wasser unter Atmosphärendruck aufnehmen (Wg,sor+a), nimmt sie oft soviel Wasser auf, als ob sie Wasser unter Vakuumbedingungen (Wg,v) aufnehmen müßte. Bei den beiden Graniten trifft das tatsächlich zu, die beiden Marmore sind davon nicht weit entfernt (vgl. Tab. 9).

In den Abb. 31 - 34 sind die Sorptionsisothermen (Adsorption und Desorption) der untersuchten Gesteine (je 6 Proben) dargestellt. Auffallend bei den Marmoren ist, daß sie meßbar

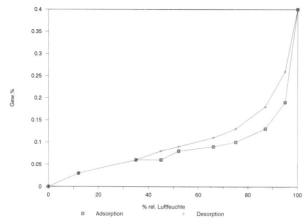

Abb. 31: Sorptionsisotherme des Granits Nammering-Gelb

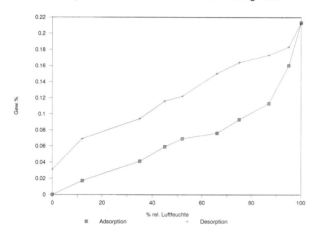

Abb. 32: Sorptionsisotherme des Granits Kösseine

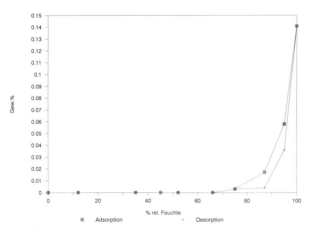

Abb. 33: Sorptionsisotherme des Marmors Carrara

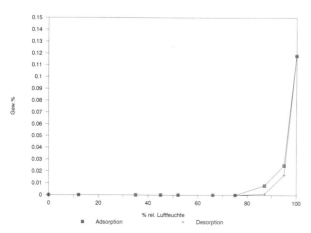

Abb. 34: Sorptionsisotherme des Marmors Laas

Tab. 9: Feuchtigkeitsaufnahme unter verschiedenen Bedingungen

Gestein	$W_{g,a}$ (Gew%)	$W_{g,sor+a}$ (Gew%)	$W_{g,v}$ (Gew%)
Granit NAMMERING	$0{,}76 \pm 0{,}05$	$0{,}88 \pm 0{,}03$	$0{,}90 \pm 0{,}04$
Granit KÖSSEINE	$0{,}21 \pm 0{,}01$	$0{,}27 \pm 0{,}02$	$0{,}27 \pm 0{,}02$
Marmor CARRARA	$0{,}18 \pm 0{,}04$	$0{,}18 \pm 0{,}04$	$0{,}22 \pm 0{,}07$
Marmor LAAS	$0{,}15 \pm 0{,}03$	$0{,}17 \pm 0{,}03$	$0{,}20 \pm 0{,}05$

erst bei etwa 80 % r.F. Wasser adsorbieren (Meßgenauigkeit der verwendeten Waage 0,001 g). Die Gründe hierfür sind nicht einfach zu finden: Eine Ursache kann sein, daß die innere Oberfläche des Marmors relativ klein ist und die bei niedrigen Luftfeuchten adsorbierten H_2O-Moleküle im wahrsten Sinne des Wortes nicht ins Gewicht fallen.

Ungewöhnlich bei den Marmorproben ist außerdem, daß sie im Verhältnis zu den Graniten sehr lange brauchen, bis sie ihre jeweilige Ausgleichsfeuchte erreichen.

Der von KÖHLER (1988) beim Carrara-Marmor beschriebene Anstieg der Sorptionsisothermen von 0% bis 12% r.F. ist bei keiner der untersuchten Carrara-Proben beobachtet worden.

4.2.4. Kapillarkondensation

Eine Kondensation von Wasserdampf unterhalb 100% relativer Luftfeuchte tritt bei den Gesteinen in sehr feinen Kapillarporen auf. Dies trifft für alle vier untersuchten Naturwerksteine zu.

In Abb. 21 (Kap. 3.2.3.) ist dargestellt, bei welchen relativen Luftfeuchten welche Porengrößen ganz mit Wasser gefüllt sind. Eine Pore mit einem Durchmesser von 1 nm ist demnach schon bei einer rel. Luftfeuchte von 30 % voll mit Wasser angereichert.

Bei 100 % r.F. wird eine Porenfüllung mit Wasser bis zu einer Porengröße von ca. 0,1 µm erzwungen. Aus dem Verlauf der Sorptionsisotherme kann man somit in diesem Luftfeuchtebereich auf das Vorhandensein eines bestimmten Porenanteils zurückschließen.

Da alle vier untersuchten Gesteine über Porenradien verfügen, die den Kapillarkondensations-Bereich abdecken, kann man davon ausgehen, daß bei hohen Luftfeuchten ein großer Teil des Porenraums mit Wasser gesättigt ist (vgl. Kap. 4.2.3.). Dies wiederum hat zur Folge, daß bei Frosteinwirkung sich in diesen Porenräumen Eis bilden kann, das durch seine Sprengwirkung zu einer Lockerung im Kornverband führen kann. Beim Granit Nammering-Gelb und besonders bei den Marmoren kann ein oftmaliger Frost-Tau-Wechsel eine oberflächliche Abgrusung (bei Marmoren Zuckerbildung) bewirken.

Besonders häufig treten Frost-Tau-Wechsel an Tagen auf, an denen sonniges Wetter herrscht und es zwischen -10 °C und -1 °C kalt ist. Trifft Sonnenschein auf die Gesteinsoberfläche, wird der Stein partiell erwärmt, schiebt sich zwischendurch eine Wolke vor die Sonne, kühlt der Stein wieder ab. An einem Tag kann so ohne weiteres ein zehnfacher Frost-Tau-Wechsel auftreten, der zu einer Lockerung des oberflächlichen Korngefüges beiträgt.

4.3. Wasseraufnahme

Die Wasseraufnahme ist die Differenz zwischen dem Gewicht einer im Wasser gelagerten Probe und deren Trockengewicht. Bei der Wasseraufnahme muß man zwischen zwei grundsätzliche Arten unterscheiden: der allseitigen Wasseraufnahme, die hier in diesem Kapitel besprochen wird, und der kapillaren Wasseraufnahme, die in Kapitel 4.6.1.2. abgehandelt wird. Die allseitige Wasseraufnahme wird unter verschiedenen Druckbedingungen gemessen; deren Bestimmung erfolgte in Anlehnung an DIN 52103.

4.3.1. Wasseraufnahme unter Atmosphärendruck

Die Wasseraufnahme unter Atmosphärendruck gibt an, wieviel Wasser ein Gestein aufnimmt, wenn es 24 Stunden lang ca. 3 - 5 cm unter der Wasseroberfläche gelagert wird.

Bei der Messung ist darauf zu achten, daß der Stein bei dem Vorgang des Wassersaugens ausreichend entlüftet wird, damit in seinem Porengefüge keine Luft eingeschlossen wird.

Die Wasseraufnahme unter Atmosphärendruck in Gew% (Wg,a) wird gemäß folgender Formel berechnet:

$$(16) \quad Wg,a \, (Gew\%) = \frac{(m_a - m_t) \cdot 100\%}{m_t}$$

m_t (g) = Trockengewicht
m_a (g) = Naßgewicht (bei Wg,a)

Um den Wert der Wasseraufnahme unter Atmosphärendruck in Vol% (Wv,a) zu bekommen, benötigt man Daten, die man bei der Auftriebsmethode, die in Kap. 4.3.2. beschrieben ist, erhält.

Am meisten Wasser nahm erwartungsgemäß der Granit Nammering-Gelb auf, am wenigsten der Laaser Marmor (vgl. Tab. 10).

Der Granit Nammering-Gelb ist der bayerische Granit mit dem höchsten Wasseraufnahmegrad.

4.3.2. Wasseraufnahme unter Vakuum

Die Wasseraufnahme unter Vakuum in Vol% gibt die wasserzugängliche Porosität wieder.

Die getrockneten Gesteinsproben werden zunächst bei einem Druck von 3 Pa entlüftet, danach werden sie mit Wasser überschichtet. 24 Stunden später werden die Proben unter Auftrieb (= m_{au}) und anschließend unter Normalbedingungen (= Naßgewicht = m_n) gewogen. Mit Hilfe dieser beiden Meßwerte und des Trockengewichtes (m_t) kann man die Wasseraufnahme unter Vakuum in Vol% (Wv,v), die - wie oben erwähnt - annähernd der Porosität (P) entspricht, anhand der folgenden Formel berechnen:

$$(17) \quad P \approx Wv,v \, (Vol\%) = \frac{(m_n - m_t) \cdot 100\%}{m_n - m_{au}}$$

Die Wasseraufnahme unter Vakuum in Gewichtsprozent wird analog der Wasseraufnahme unter Atmosphärendruck berechnet:

$$(18) \quad Wg,v \, (Gew\%) = \frac{(m_n - m_t) \cdot 100\%}{m_t}$$

Die Ergebnisse der Messungen sind in Tab. 10 dargestellt.

4.3.3. Sättigungsgrad

Der Sättigungsgrad eines Gesteins (S) ergibt sich aus dem Verhältnis Wg,a / Wg,v bzw. Wv,a / Wv,v.

Er gibt an, wie groß der Anteil des Porenraums ist, der unter normalen Druckbedingungen (= Atmosphärendruck) durch Wasser in einem Stein gefüllt werden kann.

Liegt der Sättigungsgrad nahe bei 1, bedeutet das, daß schon unter Atmosphärendruck fast der ganze Porenraum mit Wasser gefüllt ist und somit das Gestein äußerst frostempfindlich ist; der bei der Eisbildung entstehende hydraulische Druck kann dann nicht mehr über die sonst noch wenig gefüllten kleinen Porenkanäle abgebaut werden.

Da bei der Eisbildung eine 9%ige Volumenausdehnung des Wassers auftritt, kann man davon ausgehen, daß ein Gestein mit einem Sättigungsgrad < 0,9 kaum mehr frostempfindlich ist.

Die Werte der untersuchten Gesteine (jeweils mind. 10 Proben) liegen zwar alle darunter, unter ungünstigen Umständen (sehr starker Frost in kurzer Zeit) könnten der Granit Nammering-Gelb und der Carrara-Marmor aber kleinere Schäden davontragen.

Tab. 10: Wasseraufnahmewerte und Sättigungsgrad

Gestein	Wg,a (Gew%)	Wv,a (Vol%)	Wg,v (Gew%)	Wv,v (Vol%)	S (---)
Granit NAMMERING	0,76	1,97	0,90	2,35	0,84
Granit KÖSSEINE	0,21	0,56	0,27	0,71	0,79
Marmor CARRARA	0,18	0,50	0,22	0,59	0,85
Marmor LAAS	0,15	0,40	0,20	0,54	0,75

Die Abweichung vom jeweiligen Durchschnittswert ist den Tabellen 1 (Porosität = Wv,v-Wert) und 9 zu entnehmen.

Ein BASIC-Programm zur schnellen Bestimmung obiger Parameter sowie Roh- und Reindichte anhand von Meßdaten ist im Anhang (Kap. II.) dargestellt.

4.4. Trocknung

Die Trocknung von Gesteinen geht in zwei Phasen vor sich:

Phase 1: Wasserverdunstung direkt an der Werkstein-oberfläche mit gleichzeitigem ausreichendem Wassernachschub durch kapillaren Wassertransport (vgl. Abb. 35 - 41, die Kurven Gewichtsabnahme/Zeit zeigen geraden Verlauf bis zu 1 Stunde).

Den Trocknungsverlauf in dieser Phase bestimmt das Wasserdampfpartialdruck-Gefälle zwischen Oberfläche und Umgebung sowie der Wasserdampfleitfähigkeitskoeffizient der Oberfläche β, der sehr stark von der Windgeschwindigkeit abhängig ist.

Phase 2: Ab einem bestimmten Feuchtegehalt ist der Kapillarwassernachschub nicht mehr ausreichend, und die Flüssigkeitsoberfläche zieht sich ins Gesteinsinnere zurück. Das Wasser verdunstet im Innern und diffundiert nach außen. Die Trocknung in dieser Phase wird also durch Wasserdampfdiffusion gesteuert (vgl. Kap.4.6.2.; Wasserdampf-Diffusionsstromdichte und -Diffusionsleitkoeffizient): Die Kurve Gewichtsabnahme/Zeit verläuft von da an exponentiell. Der Knickpunkt zwischen Phase 1 und 2 wird als »Kritische Feuchte« Ψ_k bezeichnet (vgl. SNETHLAGE 1984b: 41 ff.).

Bei nicht völlig durchnäßten Gesteinen, z.B. nach einem kurzen Regenschauer, kann Phase 1 wegfallen.

4.4.1. Trocknungsversuche

Zu diesen Versuchen eignen sich besonders Gesteinszylinder (Höhe 10 cm, Durchmesser 4,5 cm), die unter Atmosphärendruck mit Wasser getränkt worden sind. Sie werden bis auf die Stirnfläche (obere Kreisfläche) mit Paraffin abgedichtet, damit eine genau definierte einseitige Trocknung erfolgen kann. Die Verdunstungsfläche beträgt somit bei allen Proben ca. 15,9 cm². Die Untersuchungen werden bei Laborbedingungen durchgeführt (21 ± 1 °C, 40 ± 5 % r.F. und Windgeschwindigkeit 0 m/s = Windstille).

Der Granit Nammering-Gelb hat mit Abstand das gleichmäßigste Trocknungsverhalten aller 4 Gesteine. Die Kritische Feuchte Ψ_k liegt etwa bei einem Sättigungsgrad von 87 % und wird 60 Minuten nach Verdunstungsbeginn erreicht. Bis zu diesem Zeitpunkt hat der Gesteinszylinder bei einer Verdunstungsfläche von knapp 16 cm² durchschnittlich 0,4 g Wasser an die Außenluft abgegeben, nach 24 Stunden sind es 1,5 g. Auf

32

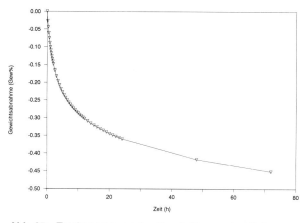

Abb. 35: Trocknungskurve des Granits Nammering-Gelb

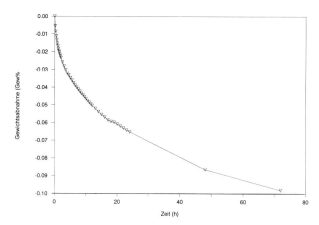

Abb. 36: Trocknungskurve des Kösseine-Granits

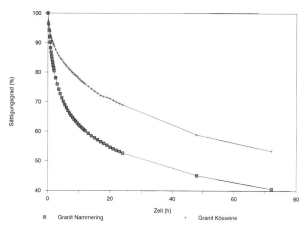

Abb. 37: Sättigungs-Trocknungskurven der untersuchten Granite

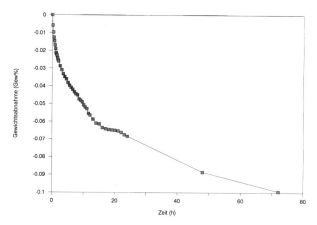

Abb. 38: Trocknungskurve des Carrara-Marmors

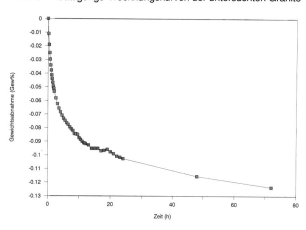

Abb. 39: Trocknungskurve des Laaser Marmors

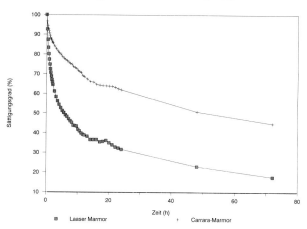

Abb. 40: Sättigungs-Trocknungskurven der untersuchten Marmore

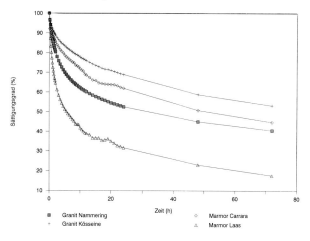

Abb. 41: Sättigungs-Trocknungskurven aller untersuchten Gesteine

einen 10 cm tiefen Quader mit der Außenfläche 600 cm² (20 cm x 30 cm) hochgerechnet, liegt demnach die Wasserabgabe bei o.a. Laborbedingungen nach 60 Minuten bei 15 g und nach 1 Tag bei über 56 g (vorausgesetzt, der Quader ist hinten und an den Seiten abgedichtet).

Der Kösseine-Granit trocknet viel langsamer als der Nammeringer Granit. Die Phase 2 beginnt bei diesem Gestein nach 30 Minuten bei einem Sättigungsgrad von 95 %. Die Wasserabgabe des Zylinders beträgt bis dahin 0,047 g.

Die Phase 1 ist beim Carrara-Marmor mit 20 Minuten Dauer nicht besonders ausgeprägt (Ψ_k liegt bei Sättigungsgrad von 94 %).

Beim Laaser Marmor beginnt die Phase 2 nach 40 Minuten bei einem Sättigungsgrad von 80 %.

Der Laaser Marmor gibt in der gleichen Zeit im Verhältnis mehr Wasser ab als der Carrara-Marmor. Nach 10 Stunden hat er schon 60 % seines Gesamtwassers abgegeben, nach 70 Stunden über 80 %, während beim Carrara-Marmor nach 10 Stunden nicht einmal 30 % seines gesamten Wasserinhalts verdunstet ist.

Das hat zur Folge, daß beim Laaser Marmor bei gleichen Umweltbedingungen ein häufigerer Feucht-Trocken-Wechsel eintreten kann als beim Carrara-Marmor, was sich dann negativ auf seine Beständigkeit auswirkt.

Der von allen vier untersuchten Naturwerksteinen am langsamsten austrocknende ist der Kösseine-Granit (Abb. 36 u. 41). Dies hängt mit der Vielzahl seiner kleinen Kapillarporen zusammen.

Zusammenfassend kann man feststellen, daß das Trocknungsverhalten eines Gesteins in erster Linie von dessen Porenradienverteilung und erst in zweiter Linie von dessen gespeicherter Wassermenge abhängt.

4.5. Zeta-Potential

In sehr engen Poren können elektrokinetische Erscheinungen zu einer erhöhten scheinbaren Viskosität führen. Dabei muß u.a. die Größe des Zeta-Potentials berücksichtigt werden.

Das Zeta-Potential gibt die Art der Ladung eines Minerals bzw. Gesteins an seiner Oberflächenzone an.

Das Zeta-Potential ist das Potential in der Grenzfläche zwischen mobilem Teil und immobilem Teil der GOUY-CHAPMAN-Lage (vgl. Kap. 4.1.1.1.).

Es entsteht durch eine erzwungene Verschiebung des mobilen Teils der GOUY-CHAPMAN-Lage. Im Gegensatz zum Potential an der Festkörperoberfläche Ψ_o und in der Sternschicht Ψ_{St} ist das Zeta-Potential meßbar. Allein die Scher- oder Gleitebene zwischen immobiler Phase und Elektrolytlösung bestimmt also das elektrokinetische Verhalten eines Gesteins. In der Regel wird man die Scherebene außerhalb der Sternschicht annehmen müssen (NÄGELE 1984). Deshalb wird das Zeta-Potential meist etwas kleiner als Ψ_{St} sein (vgl. Abb. 29).

Für die Zeta-Potential-Berechnung wird von der Relation $\Psi_{St} \approx \zeta$ ausgegangen.

Damit ist man in der Lage, aus gemessenen Werten für das Zeta-Potential auf den Aufbau der GOUY-CHAPMAN-Lage, das Adsorptionsverhalten und zahlreiche weitere Eigenschaften der Naturwerksteine zu schließen.

Sehr hohe Zeta-Potentiale führen z.B. zu einer Verminderung der Strömungsgeschwindigkeit von Flüssigkeiten in Mikroporen (IRMER 1973).

4.5.1. Zeta-Potential-Messungen

Die Zeta-Potential-Messungen werden auf der Grundlage der Elektrophorese durchgeführt. Unter Elektrophorese soll hier die Bewegung geladener Kolloid-Teilchen mit Zeta-Potential im elektrischen Feld verstanden werden. Diese Teilchen wandern durch den Elektrolyt zu derjenigen Elektrode, die die zur Ober-

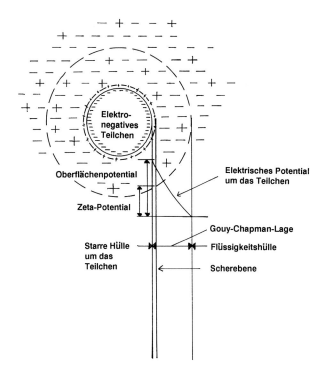

Abb. 42: Entstehung des Zeta-Potentials, dargestellt am Beispiel eines Kolloidteilchens (verändert nach NÄGELE 1984).

flächenladung der Partikel entgegengesetzte Ladung trägt.

Das elektrische Feld beschleunigt ein Teilchen solange, bis die beschleunigende Kraft der »Reibungskraft« entspricht. Der Partikel bewegt sich dann mit konstanter Geschwindigkeit. Wie groß die »Reibungskräfte« werden, hängt von verschiedenen Faktoren ab: z.B. von der Viskosität des Elektrolyten, von einen durch das Strömungspotential erzeugten Gegenstrom etc.. Außerdem muß die Hydrathülle des Partikels mitbewegt werden, was auch einen erhöhten Widerstand zur Folge hat.

Das Zeta-Potential läßt sich mit Hilfe der Geschwindigkeit des Teilchens wie folgt berechnen:

$$(19)\quad \zeta = \frac{\eta \cdot v}{\varepsilon \cdot \varepsilon_o \cdot E}$$

ζ	(V)	= Zeta-Potential
η	(Pa·s)	= dyn. Viskosität
v	(m/s)	= Geschwindigkeit
ε	(F/m)	= Dielektrizitätskonst.
ε_o	(–)	= Dielektrizitätskonst. des Vakuums
E	(V/m)	= elek. Feldstärke

Voraussetzung für die Gültigkeit der Gleichung ist, daß die Dielektrizitätskonstante und die Viskosität in der GOUY-CHAPMAN-Lage die gleichen Werte wie in der flüssigen Phase haben und die Dicke der GOUY-CHAPMAN-Lage klein gegenüber dem Radius des Teilchens ist.

Um ein vernünftiges Meßergebnis zu erlangen, muß das Probenmaterial sorgfältigst aufbereitet werden (vgl. unten).

Die Messungen sind an der Amtlichen Baustoff- und Betonprüfstelle F an der GH Kassel mit einem Zeta-Meter, Modell III der Fa. ZETA-METER Inc., New York, vorgenommen worden.

Als Elektrolytlösung wird hier Kaliumchlorid (KCl) verwendet.

Die zu untersuchenden Gesteinsproben sind bis auf eine Ausnahme unaufbereitet der Prüfstelle überlassen worden.

Die Meßergebnisse sind in Tab. 11 dargestellt.

Unabhängig von diesen Proben ist auch Mahlgut mit einer Korngröße < 125 µm von Carrara-Marmor zur Untersuchung gegeben worden; das Zeta-Potential (-12,8 mV ± 13%) differiert erheblich von dem des unaufbereiteten Stückes (vgl. Tab. 11).

Das sehr aufwendig bestimmbare Zeta-Potential liefert wohl nur sinnvolle Ergebnisse, wenn Vergleichsstücke unter gleichen Bedingungen aufbereitet werden.

Anhand der Untersuchungsergebnisse kann man feststellen, daß die beiden silikatisch gebundenen Granite ein negativeres Zeta-Potential als die calcitisch gebundenen Marmore aufweisen, was mit den pH/Zeta-Potentialkurven von Quarz und Calcit im Verhältnis etwa übereinstimmt (NEY 1986: Abb. 6).

Tab. 11: Zeta-Potential

Gestein	Zeta-Potential (mV)
Granit NAMMERING	- 35,1
Granit KÖSSEINE	- 27,5 und - 26,4
Marmor CARRARA	- 21,6
Marmor LAAS	- 13,9

4.6. Feuchtetransport

Kristalline Naturwerksteine haben - wie alle anderen Naturwerksteine auch - die Fähigkeit, aus ihrer Umgebung Feuchtigkeit in dampfförmigem und flüssigem Zustand in ihre inneren Hohlräume aufzunehmen und dort unter bestimmten Bedingungen zu transportieren.

Der Feuchtetransport in Gesteinen ist infolge des inhomogenen Aufbaus dieses porösen Mediums überaus kompliziert zu beschreiben.

Aufgrund der Wichtigkeit dieses Vorgangs und dessen Auswirkungen hat es deshalb sowohl in theoretischer als auch in experimenteller Hinsicht nicht an Versuchen gefehlt, ihn zu beschreiben und zu verstehen. Bisher sind aber keine bedeutenden Fortschritte erzielt worden. Der Massentransport in Gesteinen besteht im wesentlichen aus zwei Phasen: der flüssigen, meist durch Kapillarkräfte verursachten Phase und der gasförmigen Phase.

4.6.1. Flüssigwassertransport

4.6.1.1. Sickerströmung

Aufgrund ihrer kleinen Porenradien spielt bei den Marmoren und Graniten die Sickerströmung so gut wie keine Rolle. Nur in Bereichen von Rissen, Klüften und hinter Verwitterungsschalen kann sich Wasser der Schwerkraft folgend fortbewegen.

Eine konvektive Bewegung der Wässer ist dabei nur auf Trennfugen mit > 4 µm Öffnungsweite möglich, da die Schichtdicke des fest haftenden Porenwassers 2 µm beträgt (HÄHNE & FRANKE 1983).

Das Strömungsverhalten von Wasser in geklüfteten Festgesteinen hat STOBER (1986: 20 ff.) ausführlich beschrieben.

4.6.1.2. Kapillaraktivität

Der für kristalline Naturwerksteine typische Flüssigwassertransport wird weitgehend durch Kapillarkräfte gesteuert.

Wenn Luft und Wasser in einem zusammenhängenden Porenraum anwesend sind - d.h. mehr als eine Phase mit unterschiedlicher Benetzung - führen die resultierenden Unterschiede in der Oberflächenenergie zu Kapillarkräften. Zu einer Kapillaraszension bei Wasser in Stein kommt es, weil der Benetzungswinkel θ zwischen Wasser und Stein $\leq 90°$ beträgt. Die Kapillarwasserbewegung hängt also von der Oberflächenspannung des Wassers, den Benetzungseigenschaften des Gesteins sowie von der Gesteins-Porenstruktur und der Temperatur ab.

4.6.1.2.1. Kapillare Steighöhe

Die kapillare Steighöhe H (= kapillare Eindringtiefe) wird in der Regel nach dem Gesetz $H = B \cdot t^n$ bzw. $\ln H = \ln B + n \cdot \ln t$ ausgewertet.

Durch diese Funktion werden nach SCHWARZ (1972) die bei den Kapillarsaugversuchen gewonnenen Ergebnisse approximiert, so daß aus einer Darstellung ln H über ln t der Exponent n als Steigung der Näherungsgeraden sofort entnommen werden kann (H = Eindringtiefe bzw. Saughöhe, B = Wassereindringkoeffizient, t = Zeit). Meistens liegt der Zahlenwert von n bei 1/2 ($\rightarrow$ $\sqrt{t}$-Gesetz). Das Gesetz besitzt lediglich den Vorteil großer Einfachheit, aber den großen Nachteil, daß die momentane Steighöhe H mit zunehmender Zeit über alle Grenzen wächst, in der Realität aber einem endlichen Grenzwert zustrebt.

Daß dieses Gesetz für den horizontalen, aber nicht für den vertikalen Flüssigkeitstransport gilt, hat GIRLICH (1982: 36 ff.) durch den Vergleich der Differentialgleichungen der $\sqrt{t}$-Funktion mit der Bewegungsgleichung für den Flüssigkeitsmeniskus in einer oben offenen Kapillare bei vernachlässigbarem Beschleunigungsterm bewiesen.

Zur Beschreibung vertikaler Saugversuche gilt nach GIRLICH (1982: 129) dagegen eine komplizierte Gleichung (abgewandelt in die in dieser Arbeit verwendeten Parametersymbole):

$$(20) \quad \rho H \ddot{H} + \eta C H \dot{H} + \rho g H - \frac{2\sigma}{r} \cos \theta \, (1 - e^{-nt}) = 0$$

ρ (kg/m³) = Flüssigkeitsdichte
H (m) = momentane Steighöhe
η (Ns/m²) = dynam. Viskosität
C (1/m²) = Konstante (= $8/r^2$)
g (m/s²) = Erdbeschleunigung
σ (N/m) = Oberflächenspannung
r (m) = Kapillarradius
θ (–) = Randwinkel
t (s) = Zeit

4.6.1.2.2. Messung der kapillaren Wasseraufnahme

In der Praxis wird die kapillare Wasseraufnahme durch folgende Kennwerte charakterisiert:

w (kg/m²·$\sqrt{h}$) = Wasseraufnahmekoeffizient
B (m/$\sqrt{h}$) = Wassereindringkoeffizient
WA^k (Vol% o. m³/m³) = Wasserkapazität

Die kapillare Wasseraufnahme eines Materials bei unmittelbarem Kontakt mit flüssigem Wasser kann ausgedrückt werden durch die Beziehung

$$(21) \quad w = \frac{m_w}{\sqrt{t}} \qquad \begin{array}{l} m_w \text{ (kg/m}^2) = \text{die pro Flächeneinheit} \\ \text{aufgenom. Wassermenge} \\ t \text{ (h)} = \text{Zeit} \end{array}$$

Der Wassereindringkoeffizient beschreibt die Wanderungsgeschwindigkeit der Wasserfront durch das Material im Verlauf des Saugvorganges. Der Koeffizient ist durch folgende Gleichung definiert:

$$(22) \quad B = \frac{H}{\sqrt{t}} \qquad H \text{ (m)} = \text{Saughöhe}$$

Die Wasserkapazität gibt den größtmöglich kapillar erreichbaren Wassergehalt wieder.

WA^k kann aus den Koeffizienten w und B mit folgender Formel bestimmt werden:

$$(23) \quad WA^k = \frac{w\,(= A)}{B \cdot \rho_{H2O}} \cdot 100 \text{ Vol\%}$$

Die Messung des Wasseraufnahmekoeffizienten w (früher auch A bezeichnet, vgl. SCHWARZ 1972) und des Wassereindringkoeffizienten B erfolgt erfahrungsgemäß am besten an Gesteinsproben in Zylinderform mit einem Durchmesser von 30 - 50 mm und einer Höhe von 80 - 100 mm.

Der Wassereindringkoeffizient B läßt sich bei keinem der beiden (sehr schlecht saugenden) Marmore hinreichend genau bestimmen, man kann ihn bestenfalls durch Verwendung gefärbter Lösungen abschätzen; für die Färbeversuche zur Kapillaraktivität sind vier verschiedene Farbstoffe benützt worden: Alizarin-Viridin (grün), Astrablau (blau), Eosin (rot) und Kristallviolett (blau-vilolett). Dabei hat sich gezeigt, daß bei allen Farbstoffen sich die meisten Pigmente an der Mantelfläche des Gesteinszylinders abgelagert haben, nur wenige aber im Gesteinsinneren wiedergefunden werden. Eine Ausnahme bildet die rote Eosinlösung, deren Pigmente nach den Kapillarsaugversuchen auch im Gesteinsinneren und sogar an der Stirnfläche sichtbar sind. Halbiert man einen eosingetränkten Kern der Länge nach, kann man erkennen, daß drei Wasserfronten existieren: jeweils eine am Rand zu den Mantelflächen hin und eine - meist etwas tiefer - in der Mitte; die Wasserfront weist somit durch die Geometrie des Zylinders eine W-Form auf.

Tab. 12: Kennwerte der kapillaren Wasseraufnahme (5 Proben je Gestein)

Gestein	w (= A) (kg/m²·√h)	B (m/√h)	WA^k (Vol%)
Granit NAMMERING	0,41 ± 0,04	0,022 ± 0,004	1,86
Granit KÖSSEINE	0,03 ± 0,005	0,006 ± 0,001	0,50
Marmor CARRARA	0,12 ± 0,01	ca. 0,02	ca. 0,6
Marmor LAAS	0,10 ± 0,01	ca. 0,02	ca. 0,5

Der w-Wert des Granits Nammering-Gelb mit 0,41 kg/m²·√h bedeutet, daß dieser Stein in der ersten Stunde des kapillaren Saugens 0,41 kg (= 410 ml) Wasser pro Quadratmeter Fläche aufnimmt; umgerechnet sind das 0,041 ml Wasser pro Quadratzentimeter in der ersten Stunde. Beim Granit Kösseine sind es 0,003 ml/cm², die Werte der beiden Marmore liegen bei 0,012 ml/cm² (Carrara) und bei 0,01 ml/cm² (Laas) in der ersten Stunde des Saugens.

Den höchsten Wasseraufnahmekoeffizienten hat erwartungsgemäß der Granit Nammering-Gelb, die beiden Marmore liegen nahe beieinander. Überraschenderweise ist w beim Kösseine-Granit relativ gering, analog zu den Wasseraufnahmewerten in Tabelle 10 müßte er zwischen dem Nammeringer Granit und den Marmoren liegen. Möglicherweise liegen die w-Werte der Marmore deshalb über dem des Kösseine-Granits, weil sie das ausgeprägtere Plattenspaltporensystem besitzen und somit über eine höhere Kapillarkraft verfügen.

Die B-Werte aller Gesteine liegen etwa auf gleichem Niveau. Die Wasserkapazität der beiden Granite entspricht etwa den Erwartungen: Sie liegt zwischen 5 und 10 % unter den Wv,a-Werten (Wasseraufnahme bei Atmosphärendruck) dieser Gesteine (vgl. Tab. 10).

Die Wasserkapazität-Werte der Marmore sind nur Circa-Angaben, sie bewegen sich beide im Bereich oberhalb der Wv, a-Werte.

4.6.2. Diffusion

Solange bei einem Gestein die Kapillarporen nicht mit Wasser gefüllt sind, findet der Feuchtestrom in den Kapillarporen in der Gasphase als Gasdiffusion, an den Porenwänden als Oberflächendiffusion und in den Mineralen als Lösungsdiffusion (KLOPFER 1985: 295 ff.) statt (vgl. Abb. 43).

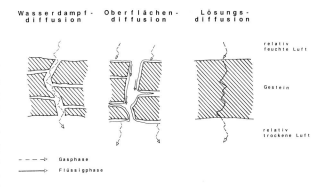

Wasserdampf-diffusion   Oberflächen-diffusion   Lösungs-diffusion

relativ feuchte Luft

Gestein

relativ trockene Luft

- - - → Gasphase

——→ Flüssigphase

Abb. 43: Phasenzustände bei der Durchdringung einer Gesteinsschicht infolge der verschiedenen Diffusionsarten (abgeändert nach KLOPFER 1985: Bild 3.1)

In obiger Abbildung sind in schematisierter Form die Flüssig- und Gasphasen dargestellt, in denen sich diffundierende Teilchen befinden, die eine von beiden Seiten begrenzte Gesteinsschicht durchdringen. Ober- und unterhalb der Schicht erfolgt die Diffusion bei allen drei Beispielen in der Gasphase als Wasserdampfdiffusion. Innerhalb der Gesteinsschicht spielen sich die Lösungs- und Oberflächendiffusion in der Flüssigphase ab, die Wasserdampfdiffusion natürlich in der Gasphase.

Wasserdampfdiffusion liegt vor, wenn Wassermoleküle im Gaszustand innerhalb der sie umgebenden Luft diffundieren. Der in den Poren der Gesteine diffundierende Wasserdampf hat einen Massenstrom von Stellen größerer zu kleinerer Wasserdampfkonzentration zur Folge.

Oberflächendiffusion ist die Bewegung derjenigen Wassermoleküle, die auf den inneren und äußeren Oberflächen von Gesteinen einen dünnen Wasserfilm (Adsorptionsschicht) gebildet haben. Die Mächtigkeit dieses Films hängt von der relativen Luftfeuchte über der Adsorptionsschicht ab. Die Schicht besteht meist aus 1 - 20 Moleküllagen. In diesen Wasserfilmen folgt der gerichtete Massentransport dem Wasserdampfdruckpartialgefälle; er kommt aber nur dann zum Tragen, wenn die bedeckte Fläche genügend groß ist und wenn die Beweglichkeit der Wassermoleküle im Film ausreichend hoch ist, d.h. wenn die Adsorptionsschicht genügend dick ist, was nur bei höheren Luftfeuchten der Fall ist.

Die Lösungsdiffusion beschreibt die Fortbewegung von einzelnen Teilchen in einem flüssigen oder quasi-flüssigen Medium, in dem sie gelöst sind (KLOPFER 1985: 296f.).

Gegenüber der Oberflächendiffusion ist die Lösungsdiffusion vernachlässigbar.

Um die Wasserdampfdurchlässigkeit von Gesteinen im stationären Zustand unter verschiedenen Randbedingungen besser charakterisieren zu können, muß man außerdem noch folgende Größen (vgl. DIN 52615) näher erläutern:

– Wasserdampf-Diffusionsstrom I (kg/s)

I gibt an, welche Wasserdampfmasse unter der Wirkung eines Dampfpartialdruckgefälles bzw. Konzentrationsgefälles auf die Zeit bezogen in Richtung der Flächennormalen diffundiert.

$$(24) \quad I = \dot{m} = \frac{dm}{dt} = \frac{\Delta m}{t}$$

– Wasserdampf-Diffusionsstromdichte i (kg/m²·s)

Als Wasserdampf-Diffusionsstromdichte wird der auf die Flächeneinheit bezogene Wasserdampf-Diffusionsstrom bezeichnet.

$$(25) \quad i = \frac{I}{A} \qquad A \ (m^2) = \text{Fläche}$$

– Wasserdampf-Diffusionsdurchlaßkoeffizient $\Delta (kg/m^2 \cdot s \cdot Pa)$

Er gibt an, wie groß die Wasserdampf-Diffusionsstromdichte ist, wenn man sie auf die wirksame Dampfpartialdruckdifferenz bezieht.

Bei einer vorgegebenen Temperatur erhält man die Partialdruckdifferenz zwischen den beiden Oberflächen einer der Diffusion ausgesetzten Schicht aus dem Produkt des Partialdrucks p_s und der Differenz der relativen Luftfeuchten Δa.

$$(26) \quad \Delta = \frac{i}{\Delta p} = \frac{i}{\Delta a \cdot p_s} \quad \text{bei } T = \text{const.}$$

Δp (Pa) = Dampfpartialdruckdifferenz
p_s (Pa) = Partialdruck der gesättigten Luft

Der Kehrwert des Wasserdampf-Diffusionsdurchlaßkoeffizienten wird als Wasserdampf-Diffusionsdurchlaßwiderstand $1/\Delta$ $(m^2 \cdot s \cdot Pa/kg)$ bezeichnet.

– Wasserdampf-Diffusionsleitkoeffizient δ $(kg/m \cdot s \cdot Pa)$

Er ist ein Maß für die Masse des Wasserdampfes, der unter der Wirkung des innerhalb einer Probe vorhandenen Wasserdampfpartialdruckgefälles durch die Probe diffundiert, bezogen auf Fläche, Zeit und Druckgefälle.

$$(27) \quad \delta = \Delta \cdot s \qquad s = \text{Probendicke (m)}$$

– Wasserdampf-Diffusionswiderstandszahl μ (-)

Um die Dichtigkeit eines Gesteins gegenüber diffundierenden Wassermolekülen auszudrücken, wird die (Wasserdampf-) Diffusionswiderstandszahl μ verwendet. μ ist der Quotient aus dem Wasserdampf-Diffusionsleitkoeffizienten der Luft und der Gesteinsprobe. μ gibt an, wievielmal größer der Diffusionsdurchlaßwiderstand des Gesteins ist als der einer gleich dicken ruhenden Luftschicht gleicher Temperatur oder einfacher ausgedrückt: wievielmal dichter ein Gestein gegenüber diffundierenden Wassermolekülen ist als eine gleichdicke Luftschicht; d.h. Luft hat also $\mu = 1$.

In der Praxis wird die Diffusionswiderstandszahl μ für zwei Bereiche, den Trocken- (0 - 50 % r.F.) und den Feuchtbereich (50 - 100 % r.F.), ermittelt.

– Wasserdampfäquivalente Luftschichtdicke s_d (m)

Die wasserdampfäquivalente Luftschichtdicke gibt an, wie dick eine ruhende Luftschicht ist, die den gleichen Wasserdampf-Diffusionsdurchlaßwiderstand wie die Probe der Dicke s (m) hat.

$$(28) \quad s_d = \mu \cdot s$$

4.6.2.1. Bestimmung der Wasserdampf-Diffusionswiderstandszahl μ

Die Versuchsanordnung zur Bestimmung von μ ist relativ einfach: Die zu untersuchende Gesteinsscheibe wird zwischen zwei »Lufträume« verschiedener relativen Luftfeuchten (außerhalb und innerhalb eines mit der Gesteinsprobe verschlossenen Glasschälchens) gebracht (vgl. Abb. 44). Durch Wiegen der Schälchens samt Probe in bestimmten Zeitabständen kann man dann feststellen, wieviel Wasserdampf in einer bestimmten Zeit durch die Probe bekannter Fläche und Dicke hindurchdiffundiert.

Abb. 44: Gefäß zur Bestimmung von μ

Durch folgende Formel kann man die dimensionslose Diffusionswiderstandszahl μ errechnen:

$$(29) \quad \mu = \frac{\delta_L \cdot p_s \cdot \Delta a}{s \cdot i}$$

δ_L (kg/Pa·m·s) = Wasserdampf-Diffusionsleitkoeffizient
p_s (Pa) = Partialdruck der gesättigten Luft
Δa (–) = Differenz d. rel. Luftfeuchte
s (m) = Schichtdicke der Probe
i (kg/m²·s) = Wasserdampf-Diffusionsstromdichte

Zur Anwendung im Labor wird die Formel folgendermaßen umgeformt:

$$(30) \quad \mu = \frac{\delta_L \cdot p_s \cdot \Delta a \cdot A \cdot t}{s \cdot \Delta m}$$

A (m²) = Fläche der Probe
t (s) = Zeit
Δm (kg) = Gewichtsänderung

Bei einer Temperatur von 21°C haben δ_L und p_s folgenden Wert:
$\delta_L = 1{,}96 \cdot 10^{-10}$ kg/Pa·m·s
$p_s = 2{,}49 \cdot 10^3$ Pa .

Ein für die Laborpraxis geeignetes BASIC-Programm zur Errechnung der Diffusionswiderstandszahl μ ist im Anhang (Kap. II.) zu finden.

In Tab. 13 sind die Meßergebnisse der untersuchten Gesteine dargestellt. Beim Feuchtbereichsverfahren ergeben sich erwartungsgemäß niedrigere Werte als im Trockenbereichsverfahren. Dies ist damit zu erklären, daß bei höheren Luftfeuchten der Anteil der Oberflächendiffusion an der Gesamtdiffusion um ein vielfaches zunimmt, während der eigentliche Wasserdampf-Diffusionsleitkoeffizient bei allen Luftfeuchten konstant bleibt, da er nicht konzentrationsabhängig ist.

Tab. 13: Diffusionswiderstandszahl μ (von je 6 Proben)

Gestein	Diffusionswiderstandszahl μ	μTrocken-/ μFeuchtbereich
Granit NAMMERING	μ 0 - 50%r.F. = 460 ± 45	3,8 : 1
	μ50 -100%r.F. = 120 ± 10	
Granit KÖSSEINE	μ 0 - 50%r.F. = 2100 ±180	8,8 : 1
	μ50 -100%r.F. = 240 ± 20	
Marmor CARRARA	μ 0 - 50%r.F. = 430 ± 40	1,1 : 1
	μ50 -100%r.F. = 380 ± 30	
Marmor LAAS	μ 0 - 50%r.F. = 540 ± 40	1,9 : 1
	μ50 -100%r.F. = 290 ± 20	

Auffallend sind bei den Graniten die 4 bis 9 mal höheren Werte des Trockenbereichsverfahrens; sie weisen darauf hin, daß bei Graniten die Oberflächendiffusion eine immense Rolle spielt, bei Marmoren ist sie relativ untergeordnet. Das bedeutet außerdem, daß die beiden Granite im Verhältnis zu Marmoren eine größere Anzahl von Poren besitzen, in denen bei erhöhter Luftfeuchte Kapillarkondensation auftritt.

4.6.2.2. Berechnung des Diffusionsstromes in der Gasphase und in der Flüssigphase

Mit der Diffusionswiderstandszahl μ wird die Summe aller Diffusionsarten erfaßt, zwischen den einzelnen Arten wird nicht unterschieden.

KLOPFER (1985: 297) schreibt, daß es noch weitgehend unerforscht ist, welchen Anteil die verschiedenen Diffusionsarten bei den verschiedenen Baustoffen haben.

Dies aber kann man näherungsweise bestimmen, d.h. man kann den Anteil der Wasserdampfdiffusion sowie den Anteil der Oberflächen-/Lösungsdiffusion an der Gesamtdiffusion berechnen. Die gesamte Massenstromdichte i setzt sich aus der Massenstromdichte in der Gasphase i_G und der Massenstromdichte in der Flüssigphase i_F zusammen.

$$(31) \quad i_{ges} \ (kg/m^2 \cdot s) = i_F + i_G$$

Die Diffusion in der Flüssigphase kann mit dem 1. Fick'schen Gesetz dargestellt werden (abhängig vom Diffusionskoeffizienten D). Die abgewandelte Formel sieht folgendermaßen aus (BAGDA 1986):

$$(32) \quad i_F = D \cdot \frac{\Delta c}{s}$$

i $(kg/m^2 \cdot s)$ = Massen-/Diffusionsstromdichte
D (m^2/s) = Diffusionskoeffizient
c (kg/m^3) = Konzentration
s (m) = Weglänge

In der Gasphase kann die Diffusion mit dem Dampfdruckgefälle beschrieben werden, da in Gasen der Partialdruck des diffundierenden Gases nach AVOGADRO der Konzentration proportional ist. Der Diffusionskoeffizient in der Gasphase wird Diffusionsleitkoeffizient bezeichnet (vgl. Kap. 4.6.2.).

i_G wird nach folgender Formel berechnet:

$$(33) \quad i_G = \frac{\delta \cdot \Delta p}{s}$$

Somit ergibt sich für i_{ges} folgende Beziehung:

$$(34) \quad i_{ges} = \frac{(D \cdot \Delta c) + (\delta \cdot \Delta p)}{s}$$

Um die Massenstromdichten i_F und i_G rechnerisch erfassen zu können, muß man den Diffusionskoeffizienten D, den Diffusionsleitkoeffizienten δ und die Sorptionsisothermen der Gesteine (vgl. Kap. 4.2.3.) kennen. Aus den Sorptionsisothermen werden die mit den Dampfdrücken p korrespondierenden Konzentrationen c entnommen.

Die Konzentration eines Stoffes in der Gasphase ist proportional der Konzentration in der festen/flüssigen Phase; d.h. der Wassergehalt eines Gesteins ist proportional dem Dampfdruck des Wassers in der Luft (im Porenraum).

Der Quotient aus Dampfdruck p und Sattdampfdruck p_s (100 %r.F.) wird als relative Feuchte Φ (-) bezeichnet. Das Verhältnis zwischen Φ und der Feuchtekonzentration c ist nicht linear und nimmt i.a. mit steigender Luftfeuchte überproportional zu. Die graphische Wiedergabe des Verhältnisses Φ/c wird als Sorptionsisotherme bezeichnet (vgl. Kap. 4.2.3.). Aus der Sorptionsisotherme kann man also die der rel. Feuchte entsprechende Feuchtekonzentration (Stoffeuchte) entnehmen.

Um den Diffusionsleitkoeffizienten δ eines Gesteines zu ermitteln, muß der Feuchtestrom bei Bedingungen gemessen werden, wo die Oberflächen-/Lösungsdiffusion in der Fest-/Flüssigphase vernachlässigbar ist und der Feuchtestrom im wesentlichen in der Gasphase als Gasdiffusion stattfindet.

Aus den Sorptionsisothermen der untersuchten Gesteine (Kap. 4.2.3.) kann man herauslesen, daß der Konzentrationsunterschied (Differenz der Stoffeuchten) zwischen 50 und 100 %r.F. um ein mehrfaches größer ist als beim Trockenbereich (0 bis 50 %r.F.). Auf das abgewandelte 1.Fick'sche Gesetz angewandt, bedeutet das, daß im Trockenbereich (0 - 50 %r.F.) der Feuchtestrom in der Fest-/Flüssigphase um ein mehrfaches geringer ist als im Feuchtbereich. Mit der Annahme, daß im Trockenbereich fast nur Gasdiffusion herrscht, kann man δ aus der Diffusionsgleichung für Wasserdampf berechnen oder bei bekanntem μ über diese Größe errechnen. Den Diffusionskoeffizienten kann man schließlich nach Umformung der Gesamtdiffusionsgleichung wie folgt berechnen:

$$(35) \quad D = \frac{(i_{ges} \cdot s) - (\delta_{TrB} \cdot \Delta p)}{\Delta c}$$

mit $i = \delta \cdot \Delta p/s$ folgt

$$(36) \quad D = \frac{\Delta p \ (\delta_{FB} - \delta_{TrB})}{\Delta c}$$

δ_{FB} $(kg/Pa \cdot m \cdot s)$ = Diffusionsleitkoeffizient im Feuchtbereich
δ_{TrB} $(kg/Pa \cdot m \cdot s)$ = Diffusionsleitkoeffizient im Trockenbereich

Die für die untersuchten Naturwerksteine errechneten Diffusionsleitkoeffizienten und Diffusionskoeffizienten sind der Tab. 14 zu entnehmen.

Da die Feuchtediffusion in der Gasphase nicht von der Feuchtekonzentration abhängig ist, sind die scheinbar erhöhten Diffusionsleitkoeffizienten im Dampfdruckgefälle von 100 zu 50 % r.F. allein auf die Diffusion in der Fest-/Flüssigphase, also auf die Oberflächen-/Lösungsdiffusion zurückzuführen. Das Verhältnis δ_{FB}/δ_{TrB} (FB = Feuchtbereich 50 - 100 %r.F.; TrB = Trockenbereich 0 - 50 %r.F.) ist ein Maß für das Verhältnis der Oberflächen-/ Lösungsdiffusion zur Diffusion in der Gasphase. δ_{FB}/δ_{TrB} nimmt mit steigender Porosität ab, sowohl bei den Graniten, als auch bei den Marmoren; das bestätigt, daß je größere Poren ein Gestein hat, desto größer ist der Anteil der Diffusion in der Gasphase an der Gesamtdiffusion. Interessant ist es auch, die Wasserdampfdiffusion mit der Luftpermeabilität (vgl. Kap. 4.6.3.) zu vergleichen. Bei Marmoren liegen sowohl die Permeabilitätswerte als auch die Wasserdampfdiffusionsleitzahlen nahe beieinander. Bei den Graniten fällt auf, daß der um den Faktor 4,6 wasserdampfdurchlässigere Nammeringer Granit auch die höhere Luftpermeabilität besitzt (Faktor 6).

Allgemein kann man also sagen, je höher die Wasserdampf-Diffusionswiderstandszahl μ dieser Gesteine ist, desto geringer ist deren Luftpermeabilität.

4.6.3. Permeabilität

Die Permeabilität (Durchlässigkeit) ist ein Maß für die mit gasförmigen und flüssigen Stoffen durchströmbare Porosität, insgesamt also ein Maß für die Kommunikation im Porensystem. Sie ist eine physikalische Materialgröße mit der Fläche als Einheit und wird in Darcy ($1 \, d = 10^{-12} \, m^2$) angegeben.

Ein Gestein hat die Permeabilität 1 Darcy, wenn 1 ml (= $1 \, cm^3$) einer Flüssigkeit mit der Viskosität 1 cP (= 1 Zentipoise = $1 \, mPa \cdot s$) in 1 s ein Gesteinsstück von 1 cm Länge und $1 \, cm^2$ Querschnitt bei einem Druckunterschied von 1 Atmosphäre zwischen Eintritts- und Austrittsstelle bei einer Temperatur von 0°C und einem Luftdruck von 1000 hPa (= 760 Torr) durchfließt.

Tab. 14: Diffusionsleitkoeffizient und Diffusionskoeffizient (bei T = 21°C)

Gestein	Diffusionsleit-koeffizient δ (kg/Pa·m·s)	Diffusions-koeffizient D (m²/s)	Verhältnis δ_{FB}/δ_{TrB}
Granit NAMMERING			
0 - 50%r.F.	$4{,}3 \cdot 10^{-13}$		
50 - 100%r.F.	$(16{,}3 \cdot 10^{-13})$	$17{,}6 \cdot 10^{-10}$	3,8 : 1
Granit KÖSSEINE			
0 - 50%r.F.	$0{,}9 \cdot 10^{-13}$		
50 - 100%r.F.	$(8{,}2 \cdot 10^{-13})$	$2{,}4 \cdot 10^{-10}$	8,8 : 1
Marmor CARRARA			
0 - 50%r.F.	$4{,}6 \cdot 10^{-13}$		
50 - 100%r.F.	$(5{,}2 \cdot 10^{-13})$	$0{,}2 \cdot 10^{-10}$	1,1 : 1
Marmor LAAS			
0 - 50%r.F.	$3{,}6 \cdot 10^{-13}$		
50 - 100%r.F.	$(6{,}8 \cdot 10^{-13})$	$1{,}2 \cdot 10^{-10}$	1,9 : 1

In der Literatur werden verschiedene Faktoren zur Umrechnung von m² in d verwendet; sie hängen jeweils davon ab, welche Einheit für den Druck (atm, at oder bar bzw. Pa) gewählt wird. Die ursprüngliche Definition von 1 Darcy (vgl. oben) basiert auf 1 Atmosphäre Druck; die Technische Atmosphäre (1 at) entspricht 98066,5 Pa, die Physikalische Atmosphäre (1 atm) dagegen 101325 Pa. In neuerer Zeit wird zur Umrechnung 1 bar (= 100000 Pa) verwendet.

Einige Autoren (z.B. KRAUS 1985: 57) verwenden für Luftpermeabilitätswerte die Einheit Nanoperm (1 nPm = $9{,}87 \cdot 10^{-3}$ md).

Die Durchlässigkeit eines Gesteins ist abhängig von der geometrischen Struktur des Porenraums, d.h. von der inneren Oberfläche sowie von der Größe, Form und Rauhigkeit der Fließkanäle.

Die Permeabilität von Gesteinen wird in der Regel als Luftpermeabilität mit Luft als strömender Phase oder als Wasserpermeabilität mit Wasser als Durchflußmedium bestimmt. Die Durchlässigkeit eines Gesteins ist auch abhängig von der Phase, die im Gestein bewegt wird. Für reines Wasser ist sie erheblich geringer als für Luft und unpolare Flüssigkeiten. Die Ursache ist in den bei elektrolytarmem Wasser auftretenden Wechselwirkungen mit den Porenwänden zu suchen (vgl. v. ENGELHARDT 1960: 69 ff.).

Die Luft- bzw. Gaspermeabilität und die Wasserpermeabilität werden experimentell am besten dadurch erfaßt, daß man bei einer definierten Druckdifferenz die Fluidmenge ermittelt, die eine Schicht der Gesteinsprobe in einer Zeiteinheit durchdringt. Der so erhaltene Wert der Luft- und Wasserpermeabilität ist zur Kennzeichnung von Naturwerksteinen gut geeignet (vgl. Kap. 4.6.3.3.).

4.6.3.1. Luftpermeabilität

Bei der Bestimmung der Luftpermeabilität in Gesteinen mit einem Hauptporenanteil < 100 nm kann die Gleitung der Luft an den Porenwänden störend in Erscheinung treten. Der an Gesteinen mit einer derartigen Porenradienverteilung gemessene Wert ist aller Wahrscheinlichkeit nach zu hoch.

Die Luftpermeabilität der untersuchten Gesteine ist mit zwei verschiedenen Methoden bestimmt worden:
1. Hochdruckmethode nach BRACE et. al. (1968)
2. Seifenblasen-Strömungsmesser nach TUNN (MÜLLER, G. 1964: 267 ff.)

4.6.3.1.1. Hochdruckmethode nach BRACE

Die Messung der Luftpermeabilität in Abhängigkeit vom Druck ist mit Unterstützung von E. HUENGES im Hochdrucklabor des Mineralogischen Institutes der Universität Bonn durchgeführt worden (HUENGES 1987: 7 ff.).

Hierbei werden mit einer Methode, die von BRACE et al. 1968 erstmals beschrieben und angewandt wird, die druckabhängigen Permeabilitätswerte der Gesteine bestimmt.

Die Messanlage beruht auf der Registrierung der zeitlichen Druckänderung in zwei definierte Volumina, die durch die Probe als permeable Membran getrennt sind. Der genaue Versuchsaufbau und -ablauf ist in der Dissertation von HUENGES (1987: 15 ff.) übersichtlich dargestellt.

Die Messungen ergeben, daß der Carrara-Marmor mit 33 μd (= 0,033 md) der durchlässigste aller 4 Gesteine ist. Zu erwarten ist das nicht unbedingt, da der Marmor doch ein relativ dichtes Gestein ist; die Möglichkeit einer Mikrorissbildung bei den bei dieser Methode nötigen hohen Drücken (> 40 MPa = 400 bar) zeigt die Grenzen dieses Verfahrens auf. Der nach dem TUNN-Verfahren ermittelte Durchlässigkeitswert für den Carrara-Marmor scheint dies zu bestätigen (vgl. Tab. 16 und Abb. 45). Der dichteste Stein ist erwartungsgemäß der Kösseine-Granit mit ca. 4,4 μd.

4.6.3.1.2. Seifenblasen-Strömungsmesser nach TUNN

Die Messungen mit dieser Methode sind von meinem Kommilitonen K. CLEMENS bei der Firma BEB (Brigitta-Elwerath) in deren Labors in Hannover durchgeführt worden. Der Versuchsaufbau und die -durchführung sind ausführlich bei G.MÜLLER (1964: 267 ff.) sowie in der Diplomarbeit (Teil II) von CLEMENS (1987: 27 ff.) beschrieben.

Die Luftdurchlässigkeiten werden hier bei einem Druck von 0,1 - 0,2 Mpa (= 1 - 2 bar) ermittelt. Unter diesen niedrigen Drücken weisen Gase eine größere Volumenstromdichte auf, als nach dem Gesetz von DARCY zu erwarten wäre. Dieser nach KLINKENBERG benannte Effekt kann rechnerisch mit der Klinkenberg-Konstante ausgeglichen werden.

Sehr auffallend ist, daß die Ergebnisse - bis auf den Carrara-Marmor - der beiden völlig unterschiedlichen Meßverfahren sehr gut übereinstimmen. Die Meßergebnisse sind zusammen mit den anderen Permeabilitätswerten in Tab. 16 sowie graphisch in Abb. 45 dargestellt. Wegen der aufwendigen Meßmethodik sind von jedem Gestein nur eine oder zwei Proben untersucht worden.

4.6.3.2. Wasserpermeabilität

Anders als bei den Wasserdampfdiffusionsversuchen (Kap. 4.6.2. ff.), bei denen ein Massentransport durch die Gesteinsprobe hindurch aufgrund einer Partialdruckdifferenz des Wasserdampfes hervorgerufen wird, wird bei der Bestimmung der Wasserpermeabilität ein Wassertransport durch das Porensystem des Gesteins durch eine hydrostatische Druckdifferenz verursacht.

Die Beurteilung der Porendurchlässigkeit der Gesteine bezüglich Wasser stützt sich in der Hydrogeologie allgemein auf das Darcysche Gesetz:

$$(37)\quad v_f = k_f \cdot i = k_f \cdot \frac{dh}{ds}$$

$$(38)\quad v_f = \frac{Q}{F}$$

$$(39)\quad Q = k_f \cdot F \cdot \frac{h}{s}$$

v_f	(m/s)	= Filtergeschwindigkeit
k_f	(m/s)	= Durchlässigkeitsbeiwert
i	(-)	= Gefälle
h	(m)	= Höhe
s	(m)	= Weglänge
Q	(m³/s)	= Durchflußrate
F	(m²)	= Filterfläche

Die Durchlässigkeit eines Gesteins ist abhängig von der Wassersättigung; die Durchlässigkeit nimmt mit geringer werdender Wassersättigung ab.

Außerdem wird die Durchlässigkeit von der Viskosität und der Dichte des Wassers beeinflußt. Beide Faktoren ändern sich mit der Wassertemperatur.

Die umgeformte Darcy-Gleichung sieht dann folgender-

Tab. 15: Werte der Luftpermeabilität einschließlich der Fehlergrenzen, bestimmt nach der BRACE-Methode

Gestein	Luftpermeabilität	
Granit NAMMERING	0,014 md	(± 0,0005)
Granit KÖSSEINE	0,0044 md	(± 0,0036)
Marmor CARRARA	0,033 md	(± 0,0020)
Marmor LAAS	0,010 md	(± 0,0005)

maßen aus:

$$(40) \quad Q = - D \cdot A/\eta \cdot dp/dx$$

Q	(m^3/s)	=	Durchflußrate
D	(m^2)	=	Permeabilität
A	(m^2)	=	Fläche
η	(Ns/m^2)	=	Viskosität
dp/dx	(N/m^3)	=	Druckgradient

Die Untersuchungen zur Wasserpermeabilität (2 Proben je Gestein) haben im Inst. f. Baustofftechnologie der Uni Karlsruhe stattgefunden. Der Leiter des ausführenden Labors ist J. KROPP, der in seiner 1983 (S. 89 ff.) erschienenen Dissertation den Versuchsaufbau und die -durchführung eingehend beschrieben hat. Die Ergebnisse sind zusammen mit denen der Luftpermeabilitätsmessungen in Tab. 16 dargestellt.

Tab. 16: Vergleich der Luftpermeabilitätswerte mit den Wasserpermeabilitätswerten

Gestein	Luftpermeabilität		Wasserpermeabilität
	nach TUNN (md)	nach BRACE (md)	(md)
Granit NAMMERING	0,024	0,014	0,00177
Granit KÖSSEINE	0,002	0,004	0,00003
Marmor CARRARA	0,006	0,033	0,00013
Marmor LAAS	0,009	0,010	0,00052

4.6.3.3. Klasseneinteilung von Naturwerksteinen nach Luft- und Wasserpermeabilität

Aufgrund umfangreicher eigener Untersuchungen sowie Untersuchungen von NORTON & KNAPP (1977), KRAUS (1985), HUENGES (1987), SCHUH (1987) und CLEMENS (1987) sind die Naturwerksteine in mehrere Klassen eingeteilt worden. In Tab. 17 sind die Durchlässigkeitsklassen der Gesteine übersichtlich getrennt nach Luftpermeabilität und der korrespondierenden Wasserpermeabilität dargestellt. Bei anderen Gaspermeabilitäten ändert sich der Faktor zwischen der Gas- und Wasserpermeabilität entsprechend, je nachdem welche Oberflächengleitzahl das jeweilige Gas aufweist.

Nach dieser Tabelle fallen alle 4 untersuchten Gesteine in die Gruppe der gering permeablen Naturwerksteine.

Beispiele für sehr stark permeable Gesteine sind der Huglfinger Kalktuff mit einer Luft-Durchlässigkeit von 1650 md (CLEMENS, GRIMM & POSCHLOD 1990: 94), für sehr gering permeable Gesteine der Siebengebirgs-Alkalibasalt aus Nakberg mit ca. 0,0002 md (HUENGES 1987: 72). Die Spannbreite der Sandsteine reicht von deutlich permeabel bis sehr stark permeabel (SCHUH 1987: 62).

4.6.3.4. Abhängigkeit der Permeabilität von der Porosität

Die KOZENY-CARMAN-Gleichung (HUENGES 1987: 6) beschreibt einen empirischen Zusammenhang zwischen der Permeabilität D und der Porosität P:

D (md) =	Permeabilität	
s (-)	=	Konstante
P (Vol%)	=	Porosität
O_i (m^2/g)	=	Innere Oberfläche

$$(41) \quad D = s \cdot P^3 / O_i^2$$

Die Gleichung zeigt, daß kleinere Änderungen in der Porosität großen Einfluß auf die Permeabilität ausüben; bei Anwendung der Gleichung ist deshalb eine sehr genaue Bestimmung der Porosität Voraussetzung.

Tab. 17: Luft- und Wasserpermeabilität von Naturwerksteinen

Permeabilitätsstufe	Luftpermeabilität (md)		Wasserpermeabilität (md)	
sehr gering permeabel	< 0,001		< 0,000025	
gering permeabel	0,001 -	0,1	0,000025 -	0,0025
deutlich permeabel	0,1 -	10	0,0025 -	0,25
stark permeabel	10 -	1000	0,25 -	25
sehr stark permeabel	>1000		> 25	

Bei Verwendung der jeweiligen gesteinsspezifischen Konstante ergibt die Gleichung Permeabilitätswerte, die mit den gemessenen gut übereinstimmen. Der Autor schlägt vor, bei Granit $s = 9 \cdot 10^{-5}$ und bei Marmor $s = 2 \cdot 10^{-5}$ zu setzen. Die beiden Konstantenwerte sind vor allem aus Literaturdaten von rund 50 kristallinen Naturwerksteinen ermittelt worden.

In Abb. 45 kann man ablesen, daß bei Wahl dieser gesteinsspezifischen Werte für die Konstante s eine gute bis sehr gute Übereinstimmung zu den gemessenen Permeabilitätswerten erzielt werden kann.

Bei über 76 % aller untersuchten Naturwerksteine liegt der berechnete Wert nahe beim gemessenen Wert (± 25%).

Mit dieser abgewandelten empirischen Gleichung hat man dann auch die Möglichkeit, die innere Oberfläche bei bekannten Porositäts- und Permeabilitätsergebnissen schnell zu errechnen, ohne eine aufwendige Messung durchführen zu müssen (vgl. Kap. 3.2.4.).

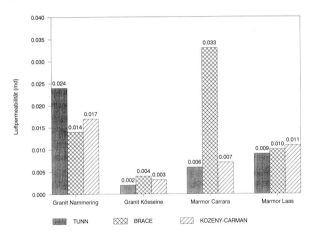

Abb. 45: Vergleich der gemessenen Luftpermeabilitätswerte mit den aus der abgewandelten KOZENY-CARMAN-Gleichung gewonnenen Daten

4.7. Hygrische Längenänderung

Neben den durch Temperaturwechsel verursachten Verformungen der Gesteine bzw. der Minerale sind vor allem die Längenänderungen der kristallinen Naturwerksteine durch Feuchtigkeit bzw. Feuchtigkeitswechsel hervorzuheben.

Die durch Witterung und Umweltbedingungen hervorgerufenen Feuchtigkeitswechsel im Baustein sind oft Ursache oder Beginn vieler Verwitterungsschäden, da die mit dem Feuchtigkeitswechsel verbundenen Dehnungen und Schrumpfungen des Werksteins sein Mineralgefüge stark beanspruchen.

Das Quellen und Schwinden von tonmineralhaltigen Naturwerksteinen ist bekannt: Die Tonminerale lagern durch Hydratation austauschbarer Kationen Wasserschichten an ihren Oberflächen ab; osmotischer Druck bringt weitere Wassermoleküle zwischen die Tonlagen, es kommt zum Quellen dieser Gesteine.

Auch nicht tonhaltige Gesteine erfahren bei einer Be- und Durchfeuchtung eine Ausdehnung, wobei diese besonders bei Kapillarkondensationsvorgängen verstärkt auftritt. Hierfür spricht auch, daß sich die untersuchten kristallinen Naturwerksteine schon bei einer relativen Luftfeuchte von 45 % zu dehnen beginnen. Ein weiterer beachtenswerter Hinweis ist das Ergebnis einer Untersuchung, die mit dem Granit Nammering-Gelb durchgeführt wurde. Bei der Messung der Längendehnung in Abhängigkeit von der Luftfeuchte wurde gleichzeitig die Gewichtszunahme registriert. In Abb. 46 kann man sehr schön erkennen, daß die hygrische Dehnung fast linear zur Gewichtszunahme des Gesteins zunimmt. Daraus kann man schließen, daß schon allein das in den kleinen Kapillaren kondensierte Wasser die Kapillarwandungen auseinanderdrückt und der Stein sich zu dehnen beginnt.

Nach GRÜNDER (1980) rührt die Volumenzunahme von Tonsteinen nicht von einer (wie oben angedeutet) intrakristallinen Tonmineralquellung her, sondern von einer interkristallinen Tonmineralquellung; er führt das auf eine Anschwellung der diffusen Doppelschichten zurück, die nach einer Entlastung des diagenetisch verfestigten Tongesteins eine ihrem Chemismus entsprechende Menge an Wasser aufnehmen müssen und somit die gegenseitigen Teilchenabstände vergrößern können. D.h. dann - analog auf Marmore und Granite bezogen -, daß ein Gestein, das, unmittelbar nachdem es im Steinbruch gewonnen wurde, verbaut wird, sich im Verhältnis zu einem »abgelagerten« Gestein noch wesentlich mehr dehnen kann. Wenn man den Gedankengang weiterverfolgt, bedeutet das, daß seit längerem verbaute Gesteine - egal welcher Zusammensetzung - keinen so großen Schwankungen der Volumenänderung ausgesetzt sind wie zu Beginn des Verbaus.

Je länger ein Marmor der Witterung ausgesetzt wird, desto mehr Wasser nimmt er auf - auch über die Luftfeuchte -, bis in Porenbereiche von 0,5 nm (das Wassermolekül hat einen »Durchmesser« von 0,28 nm). Ein Marmor »reift« also, sobald er im Steinbruch gewonnen wird.

Deshalb dehnen sich Marmorproben manchmal selbst dann noch weiter, wenn die Luftfeuchte schon abgenommen hat.

Beim Verhindern der Volumenzunahme solcher Gesteine treten Quelldrücke von über 1 MN/m² (= 1 nPa) auf (GRÜNDER 1980).

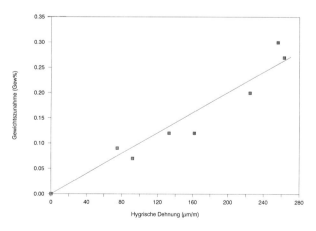

Abb. 46: Die hygrische Dehnung bei bestimmten Luftfeuchten in Abhängigkeit von der Gewichtszunahme beim Granit Nammering-Gelb

4.7.1. Messung der hygrischen Längenänderung

Die Längendehnug der untersuchten Gesteinssorten ist zunächst bei unterschiedlichen relativen Luftfeuchten mit Hilfe von Dehnungsmeßstreifen (DMS) ermittelt worden.

Parallel dazu ist die Längenänderung von Steinzylindern, die unter Wasser lagern (nach vorheriger kapillarer Wasseraufnahme), mit Digitalmeßuhren in Abhängigkeit von der Zeit registriert worden.

Die Werte sind trotz unterschiedlicher Meßmethodik einigermaßen gut korrelierbar (vgl. Tab. 18).

Tab. 18: Längendehnung der untersuchten Gesteine

Gestein	Längendehnung (µm/m)						
	ausgehend von 0 % Feuchte bei einer relativen Feuchte von				bei Unterwasserlagerung nach Höchstwert		
	45%	75%	95%	100%	nach 1 Tag		n. mehrer. Tagen
Granit NAMMERING	75	133	225	256	177		254
Granit KÖSSEINE	8	35	49	79	40		111
Marmor CARRARA	22	64	86	88	6	(-20)	100
Marmor LAAS	20	39	64	73	12	(-24)	38

Die Schrumpfung der Gesteine bei der Tocknung wird analog wie die Dehnung gemessen. Die Werte, die bei der schrittweisen Trocknung unter bestimmten relativen Luftfeuchten ermittelt werden, müssen getrennt von denen betrachtet werden, die bei der Trocknung eines völlig unter Wasser gelagerten Gesteins gemessen werden.

Die Schrumpfungswerte bei erst erwähnter Untersuchungsreihe sind in Tab. 19 abgebildet.

Tab. 19: Längenänderung in Abhängigkeit von einer schrittweisen Trocknung

Gestein	Längenänderung (µm/m) bei schrittweiser Trocknung, ausgehend von einer relativen Feuchte von ca. 100 %			
	Meßwert bei 95%	75%	45%	ca. 0% r.F.
Granit NAMMERING	-22	-123	-193	-264
Granit KÖSSEINE	- 1	- 45	- 77	- 85
Marmor CARRARA	0	- 30	- 75	- 97
Marmor LAAS	- 6	- 19	- 29	- 43

Aus den beiden obigen Tabellen kann man ersehen, daß bis auf den Laaser Marmor alle Gesteine etwa auf den Ausgangswert »zurückschrumpfen«. Das bedeutet - wie oben schon hingewiesen -, daß bei Feuchtigkeitswechsel das Dehnen und Schwinden eines Gesteins wohl in erster Linie mit der Bildung des in den kleinen Kapillaren kondensierten Wassers zusammenhängt.

Tab. 20: Hygrisches Schwinden

Gestein	Längenänderung (µm/m) bei Trocknung nach Unterwasserlagerung	
	nach 1 Tag	Tiefstwert n. mehreren Tagen
Granit NAMMERING	- 120	- 259
Granit KÖSSEINE	- 31	- 52 (-75)
Marmor CARRARA	- 34	- 70 (-38)
Marmor LAAS	- 19	- 34

Bei der Trocknung der unter Wasser gelagerten Zylinderproben haben sich die in Tab. 20 dargestellten Schrumpfungswerte ergeben.

Die Werte zeigen, daß die vorher unter Wasser gelagerten Proben bei der Trocknung nur zum Teil auf ihre Ausgangswerte (vgl. Tab. 18, rechter Teil) zurückschrumpfen.

4.7.2. Überlagerung der hygrischen Dilatation durch die Temperatur

Die hygrische Längenänderung eines Gesteins ist in hohem Maße abhängig von der Temperaturänderung.

Hierein spielen vor allem zwei Faktoren:
1. die thermische Längendehnung/-schrumpfung der Mineralbausteine (bei Temperaturzunahme dehnt sich Calcit in Richtung der c-Achse und zieht sich senkrecht dazu zusammen)
2. die thermische Dilatation der Porenfüllstoffe, insbesondere Wasser.

Temperaturschwankungen von wenigen Grad Celsius können bei weitem das Ausmaß der hygrischen Längenänderung übertreffen. Dies gilt vor allem für Marmore. An bestimmten Tagen sind Marmorproben bei Temperaturabnahme geschrumpft, obwohl die Unterwasserlagerung ein Dehnen verursachen sollte. Ähnliche Erfahrungen sind auch mit Kalkstein gemacht worden. Daraus kann man schließen, daß zumindest bei Marmoren am Bauwerk die thermische Dilatation eine viel größere Rolle spielt als die hygrische.

Die größte Ausdehnung erfahren die Steine eines Gebäudes bei starkem Sonnenschein nach einem ausgiebigen Sommerregen.

Die Kombination beider Dilatationseffekte könnte auch zur Durchbiegung von Marmorplatten (POSCHLOD 1984: 11) führen (einhergehend mit einer Auflösung der Bindung der Minerale untereinander und einer teilweise anschließenden Aufweitung des Porenraums). Eine wohl nur untergeordnete Rolle spielen hierbei die kristallographischen Besonderheiten des Calcits.

4.8. Die Wassermigration im Porenraum kristalliner Naturwerksteine

4.8.1. Allgemeine Betrachtungen

Bei der Untersuchung der Migrationsprozesse in den kristallinen Naturwerksteinen bildet das Gestein die räumlich fixierte, feste Phase. Die Gesteinsstruktur spiegelt sich nicht nur in den Eigenschaften Porosität und Durchlässigkeit wider, auf welchen jedwede Strömungsberechnung aufbaut, sondern auch in der spezifischen bzw. inneren Oberfläche (vgl. Kap. 3.2.4.), der Kontaktfläche des Fluids mit dem Feststoffgerüst. Die Größe dieser Kontaktfläche ist für den Migrantenaustausch zwischen der festen und fluiden Phase und damit für die Migration von großer Bedeutung.

Die Diadochie (die Substitutionsmöglichkeit von Gitterbausteinen) von Mineralen spielt bei den Migrationsprozessen eine große Rolle. Die Diadochie bildet die Grundlage der Ionenaustauschfähigkeit und -kapazität der Gesteine. Als diadoch (substituierbar) gelten Gitterbausteine, wenn der Unterschied der Radien der Wirkungssphäre $\Delta r/r < 0,15$ ist. Der Baustein mit kleineren Radien wird bevorzugt substituiert, bei gleichem r der mit höherer Ladung. Die für die Migration so bedeutende

Ionenaustauschfähigkeit und Sorptionsfähigkeit sind allerdings nur bei den Tonmineralen besonders ausgeprägt.

4.8.2. Berechnungen zur Wassermigration

Ist ein Stein vollständig mit Wasser gefüllt, spricht man bei einem Flüssigkeitstransport von einer Einphasenströmung.

Wenn mehrere, nicht mischbare fluide Stoffe in einem Naturwerkstein transportiert werden, spricht man von einer Mehrphasenströmung. Wenn ein Stein nicht vollständig wassergesättigt ist, existieren in ihm im Prinzip zwei nicht mischbare Fluide: Wasser und Luft (Luft löst sich geringfügig im Wasser). In einem Naturwerkstein liegt also meist eine Zweiphasenströmung vor. Die Phasengrenze zwischen den fluiden Stoffen ist im Mittel gekrümmt, so daß sich ein Kapillardruck einstellt. Ein kapillarer Flüssigkeitstransport liegt vor, wenn Flüssigkeiten ganz oder teilweise unter der Wirkung des Kapillardruckes transportiert werden.

4.8.2.1. Einphasenströmung

Bei der Einphasenströmung gilt für den Geschwindigkeitsvektor $\underline{v}$ der fluiden Phase im linearen Bereich des Widerstandsgesetzes der normalen isothermen Kontinuumsströmung mit Wandhaftung das verallgemeinerte Gesetz von Darcy (vgl. Gl. 37 - 40 sowie LARSON 1981).

$$(42) \quad \underline{v} = \frac{\dot{V}}{A} \cdot \underline{n} = - \underline{\underline{k}} \cdot v \, (p + \phi)$$

$\dot{V}$ = Volumenstromdichte
A = freie Querschnittsfläche senkrecht zu $\dot{V}$
$\underline{n}$ = Einheitsvektor senkrecht zu A
$\underline{\underline{k}}$ = Permeabilitätstensor (beinhaltet Einfluß der Viskosität
v = Gradient (grad)
p = statischer Druck
ϕ = Potential aufgrund äußerer Kräfte

4.8.2.2. Zweiphasenströmung

Ist der Gesteins-Porenraum mit Luft und Wasser gefüllt, liegen derart komplizierte Bedingungen vor, daß eine allgemein gültige Berechnungsgrundlage für die Strömung in den Poren nach den heutigen Kenntnissen nicht möglich ist (SCHUBERT 1982: 237 ff.).

Allerdings kann man zumindest Abschätzungen mit folgenden Voraussetzungen vornehmen:
a) Die Flüssigkeit ist die benetzende Phase.
b) Der Widerstand der Gasströmung wird gegenüber dem der Flüssigkeitsströmung vernachlässigt.
c) Im Verhältnis zur Gasströmung wird der Widerstand der Flüssigkeitsströmung beliebig hoch vorausgesetzt.
d) Die Durchlässigkeiten von Flüssigkeit und Gas sind eindeutige Funktionen des Flüssigkeitssättigungsgrades S.

Unter diesen Voraussetzungen läßt sich für jede der beiden Phasen eine dem Gesetz von DARCY entsprechende Beziehung angeben:

$$(43) \quad \underline{v} = - \underline{\underline{k}}(S) \cdot v \, (p + \phi)$$

Der Permeabilitätstensor $\underline{\underline{k}}(S)$ ist eine sehr komplizierte Funktion, die vom Flüssigkeitssättigungsgrad S abhängig ist (SCHUBERT 1982: 238).

5. Verwitterte Gesteinsproben

Die meisten Steinschäden sind auf die Mitwirkung der Feuchtigkeit zurückzuführen.

Die Feuchte im Stein ist mitverantwortlich für die Frostverwitterung, für Schädigungen durch Salze, für den Transport von färbenden Substanzen, für das Wachstum von Pflanzen und Mikroorganismen etc..

Die Verwitterungsvorgänge bei verbauten kristallinen Naturwerksteinen (KIESLINGER 1932: 297ff.) unterscheiden sich durch die anthropogenen Einflüsse erheblich von den natürlichen Verwitterungsvorgängen bei anstehenden Kristallingesteinen (WILHELMY 1981: 9 ff.).

5.1. Verwitterungsarten

Die jeweils häufigsten Verwitterungsarten der vier untersuchten Gesteine sind in untenstehender Tabelle beschrieben; in den folgenden Kapiteln wird jede dieser Verwitterungsarten eingehend abgehandelt.

Tab. 21: Häufigste Verwitterungsart

Gestein	Verwitterungsart
Granit NAMMERING	Schalenbildung
Granit KÖSSEINE	Verfärbung
Marmor CARRARA	Abbröckeln, »Zuckerbildung«
Marmor LAAS	Riss- und Schalenbildung

5.1.1. Verfärbungen

Typische, durch Feuchtemigration bedingte Verwitterungserscheinungen, die nicht nur im Außenbereich, sondern auch innerhalb von Gebäuden auftreten können, sind Verfärbungen insbesondere von Bodenbelägen.

Dafür gibt es mehrere Ursachen:
1. Mobilisierung organischer und Oxidation anorganischer Gesteinsbestandteile durch Luftsauerstoff und Wasser
2. Oxidation von Metallhalterungen am und im Stein
3. Verwendung falscher Mörtel, Steinkleber und Fugenvergußmassen
4. Luftverunreinigungen und Bakterien
5. Nachträglich aufgebrachte Verschmutzungen
6. Anwendung aggressiver Pflege- und Reinigungsmittel

Naturwerksteine enthalten neben pigmentreichen Mineralen häufig fossile organische Stoffe, das sind vor allem Kohlenwasserstoffe sowie elementarer Kohlenstoff (z.B. Graphit bei Marmoren). Um die Gesteinsoberfläche zu verfärben, müssen sie dorthin transportiert werden. Hierbei fungiert die Feuchte bzw. das Wasser als Transportmedium.

Die Verbraunung als häufigste Verfärbung kann bei Gesteinen auftreten, deren Fe^{2+}-haltige Minerale (Pyrit, Markasit, Biotit, etc.) aufoxidiert werden. Eisen ist in Gegenwart von Sauerstoff praktisch unlöslich, es kann nur in kolloidaler Form als Ferrihydroxid-Sol transportiert werden; Eisen als zweiwertiges Ion ist bei Abwesenheit von Sauerstoff im Gleichgewicht mit Kohlensäure existenz- und transportfähig (CORRENS 1968: Abb. 350). Durch Kohlensäureentzug bildet sich analog zum Calcium Eisencarbonat (Siderit). Bei Sauerstoffzutritt entstehen daraus hydratisierte Eisenoxide (y $Fe_2O_3 \cdot x\ H_2O$), die den Stein braun färben. Welche der hydratisierten Eisenoxid-Minerale sich bilden, hängt vom pH-Wert und Temperatur der Wässer, den CO_2- und O_2-Partialdrücken, sauren Schadgasen, anderen Fremdstoffen, etc. ab.Im Gegensatz zu Pyrit zerfällt Markasit schon an stark feuchter Luft über Bildung von zwei- und dreiwertigen Eisensulfaten zu hydratisiertem Eisenoxid.

Die Totalverbraunung oder Gelbverwitterung eines Granits im Steinbruch, wie sie z.B. beim Nammeringer Granit zu beobachten ist (von dem es auch eine graue Varietät gibt), entwickelt sich in »geologischen« Zeiträumen. Die Gelbverwitterung schreitet vor allem entlang den Klüften voran; sie entsteht, wie oben angedeutet, durch den durch kohlensäurehaltige Wässer ausgelösten Zerfall von Biotiten, bei dem sich hydratisierte Eisenoxide bilden (LAUTENSACH 1950).

Zu einer intensiven »Rost«-Verfärbung genügen schon weniger als 0,1 % Eisengehalt im Gestein.

Die Nischenfiguren der Glyptothek aus Laaser Marmor weisen im verwitterten Kernbereich eine gelbliche Färbung auf, die auf eine Fe^{3+}-Anreicherung zurückzuführen ist (STOIS 1933). In Laas haben länger unter freiem Himmel gelagerte Blöcke auch gelblich-bräunliche Oberflächen, die auf eine Fe^{3+}-Wanderung vom Inneren her schließen lassen. Ein »schönes« Beispiel für eine »Verrostung« ist der vor dem Gebäude des Institutes für Historische Geologie und Paläontologie in der Richard-Wagner-Str. 10 als Treppe verlegte Kösseine-Granit. Die Verbraunungen rühren von den oben erwähnten hydratisierten Eisenoxid-Verbindungen her, die sich hauptsächlich aus Biotiten und Erzpartikeln gebildet haben.

Eine hohe Alkalität des Verlegemörtels führt ebenfalls zu einer Oxidation von Mineralbestandteilen (vgl. unten).

»Rosten« oder vergrünen können auch Werksteine, deren Halterungen aus Eisen oder Bronze bzw. Kupfer bestehen, wenn diese anfangen zu oxidieren und Regen die Oxidationsprodukte auf und in dem Stein »verteilt«. Solche Halterungen sollten entweder aus Edelstahl oder anderen nicht rostenden Materialien gefertigt werden.

Beim Verlegen von Platten reagieren die organischen sowie die Eisen- und Manganverbindungen des Gesteins mit dem $Ca(OH)_2$ und H_2O aus dem Mörtel. Die Umwandlungsprodukte werden dann kapillar an die Gesteinsoberfläche transportiert und bewirken eine oftmals starke Farbtonveränderung oder Verfärbung des Gesteins. Vermeiden kann man diese Verfärbungen weitgehend durch Verwendung von Traßmörtel. Eine andere Möglichkeit stellt die Versiegelung der Platten zum Mörtel hin dar, um den Zutritt des Mörtelwassers zu unterbinden.

Nichtalkalische Bestandteile des Mörtels sowie Huminsäuren aus unzureichend gewaschenem Sand sind auch färbende Faktoren.

Bei Verwendung von Steinklebern ist ebenfalls Vorsicht geboten. Die organischen (hochpolymeren) Bestandteile der Kleber können vom Stein aufgesaugt werden und dort Farbtonveränderungen bewirken.

Ähnliche Vorgänge werden auch durch bestimmte Fugenvergußmassen verursacht.

Durch Einwirkung des sauren Regens (SO_2, H_2SO_4, etc.) können die schwer löslichen Eisenminerale mobilisiert und an die Oberfläche transportiert werden. Diese Beobachtung kann man auch an Marmorplatten machen, die maritimer Luft (feucht und salzhaltig) ausgesetzt sind.

Bakterien können auch zu bestimmten Farbveränderungen im Stein beitragen.

Zur Vermeidung intensiver Verfärbung durch Verunreinigungen von außen hilft nur regelmäßiges Putzen der Platten mit klarem Wasser und eventuell Schmierseife.

Zu einer Art Schmutzfängerwirkung durch Aufrauhen der Gesteinsoberfläche führen aggressive Putzmittel. Viele Reinigungs- und Pflegemittel können ebenfalls färbende Inhaltsstoffe im Gestein mobilisieren und z.B. auch färbende Bestandteile aus Mörteln und Fugenvergußmassen herauslösen, die der Stein kapillar aufnimmt. Dies führt dann zu den auf den Fugenbereich begrenzten fleckigen Verfärbungen.

Zusammenfassend kann man sagen, daß Verfärbungen oft ein Zusammenspiel von Umwandlung und Transport von Ge-

Abb. 47 ▶

Abb. 47 u. 48:
Gesteinsdünnschliffe des Ober-
flächenbereiches eines verwitterten Stückes Carrara-Marmor
(Ausschnitt jeweils 3,3 mm x 2,2
mm)

◀ Abb. 48

Abb. 49:
Gesteinsdünnschliff des Ober-
flächenbereiches eines verwitterten Stückes Laaser Marmors
(Ausschnitt 3,3 mm x 2,2 mm)

44

Abb. 50:
Oberfläche eines verwitterten Stückes aus Laaser Marmor

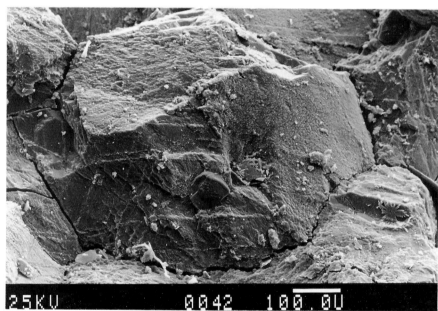

Abb. 51:
Herauswitterndes Einzelkorn (Laaser Marmor)

Abb. 52:
Plattenspaltporen (Breite 5 - 10 µm zwischen einzelnen Körnern von verwittertem Laaser Marmor); der waagerechte Riss (linke Bildhälfte) verläuft durch ein Korn hindurch.

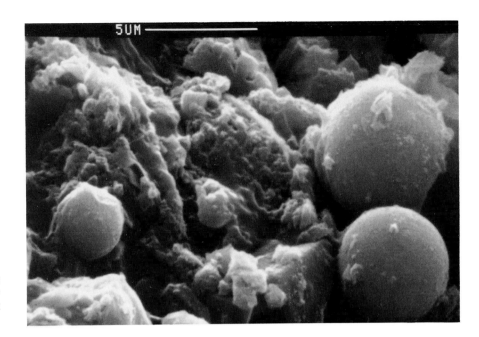

Abb. 53:
Oberfläche einer verwitterten Probe aus Carrara-Marmor (regenabgewandte Seite) mit Flugascheteilchen

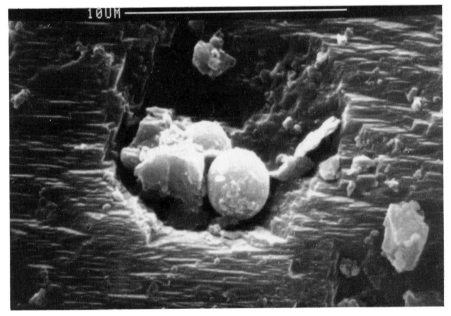

Abb. 54:
2 Flugaschekörner in einer Vertiefung einer verwitterten regenabgewandten Oberfläche eines Carrara-Marmors

steinsinhaltstoffen durch Eindringen von pigmentmobilisierenden bzw. färbenden Substanzen in den Naturwerkstein sind. Außerdem kann man feststellen, daß die Verfärbung um so intensiver ist, je feiner verteilt die pigmenthaltigen Einlagerungen im Gestein sind, weil die Angriffsfläche für die mobilisierenden Reagenzien dann um so größer ist.

5.1.2. Abbröckeln

Eine typische Verwitterungserscheinung des Carrara-Marmors ist das Abbröckeln bzw. das Absanden, auch Abzuckern genannt.

Nach GRIMM (1984: 533) ist Absanden ein Zerfall in noch deutlich sichtbare Einzelkörner. Bröckeln ist nach seiner Beschreibung ein Ausbrechen des Gesteins in kompakten, unregelmäßigen Partikeln von Millimeter bis Zentimeter Dicke, bedingt durch Risse im Gefüge.

Bei der »Zuckerbildung« des Marmors trifft beides teilweise zu: Einerseits zerfällt der Marmor an seiner Oberfläche in Einzelkörner, andererseits bröckeln auch Teile von Körnern sowie mehrere zusammenhängende Körner ab (vgl. Abb 47 u. 48), also »unregelmäßige« Partikel.

Die »Zuckerbildung« ist beim Laaser Marmor auch zu beobachten, vorherrschend ist ein Abzuckern Korn für Korn (vgl. Abb. 49 - 51); in mehrere Teile zerfallene Körner treten bei verwitterten Proben auch auf (Abb. 52).

Untergeordnet ist das Abbröckeln auch beim Nammeringer Granit ein Problem.

5.1.3. Schalenbildung

Eine Schalenbildung zeichnet sich dadurch aus, daß sich bis in eine Tiefe von knapp 2 cm unter der äußerlich unveränderten Gesteinsoberfläche eine mürbe Zone ausbildet, die sich soweit erweitert, bis die äußere Gesteinspartie den Zusammenhang mit dem Gesteinsinneren verliert und leicht als Schale abgehoben werden kann bzw. von selbst abfällt.

Schalen entstehen meist auf der Wetterseite von Gesteinsobjekten; bei den kristallinen Naturwerksteinen treten sie vor allem bei feinkörnigen Bayerwald-Graniten (Typus Nammering-Gelb) sowie untergeordnet bei mittelkörnigen Marmoren (Laaser Marmor) auf (vgl. Abb. 2 u. 3).

Das Schalenprofil beim Granit ist mit dem des Marmors z. T. vergleichbar: Beim Granit ist die Außenschale kaum vom frischen Gestein unterscheidbar. Die mürbe Zone dahinter kann man, solange die Schale noch nicht aufgeplatzt ist, nur ahnen oder durch Abklopfen feststellen. Die Außenschale ist gegenüber dem frischen Gestein in der Festigkeit niedriger; sie ist arm an Salzen. Die darunterliegende mürbe Zone ist dagegen mit Salzen angereichert.

Beim Marmor kann man eine Schalenbildung im beginnenden Stadium auch kaum erkennen. So kann man bei zur gleichen Zeit verbauten Marmorstücken beobachten, daß der feinkörnige Carrara-Marmor nach einer gewissen Zeit abzukkert, während der Laaser Marmor noch keine Schäden zeigt (vgl. GRIMM & SCHWARZ 1985: 53). Einige Zeit später - der Carrara-Marmor hat weiter Substanz verloren - treten beim Laaser Marmor Risse auf, die erste Kristallschicht platzt ab. Die dadurch größere Oberfläche führt dann zu einer progressiveren Verwitterung des Marmors.

In regengeschützten Bereichen bilden sich auf allen Gesteinen Schmutzkrusten, die aus Salzen, Staub, Flugascheteilchen (vgl. Abb. 53 - 54), Ruß und weiteren organischen Substanzen (z.B. Bioschleim) aufgebaut sind. Der Kösseine-Granit verschmutzt sehr selten, weil auf seiner glatten Oberfläche (die aufgrund seiner großen Verwitterungsresistenz auch lange »glatt« bleibt) kaum Schmutzpartikel haften können.

Sind unterhalb der Kruste die Gesteinsporen des oberflächennahen Bereichs mit Schmutz eingeengt, kann es zur Bildung einer kombinierten Schmutz- und Gesteinskruste (entsprechend einer Schale) kommen (POSCHLOD 1984: 7).

Die Ursachen der unterschiedlichen Verwitterungsarten bei Graniten und Marmoren werden eingehend in Kap. 6 beschrieben.

5.2. Eigenschaften der verwitterten Gesteine und Vergleiche mit unverwittertem Gestein

Aufgrund der geringen Menge des zur Verfügung stehenden verwitterten Gesteinsmaterials sind die Vergleiche von unverwittertem mit verwittertem Material der gleichen Steinsorte auf wenige Untersuchungen beschränkt geblieben.

5.2.1. Porenraum und Porengerüst

Granite reagieren auf Anwitterung unterschiedlich. Während beim verwitterten Kösseine-Granit (Bodenplatten vom Königsplatz) die Porenraumwerte innerhalb der Meßgenauigkeit des frischen Materials liegen, kann man beim Granit Nammering-Gelb deutlich Unterschiede zwischen frischem und verwittertem Material (Treppenstufe einer Gaststätte an der Belgradstraße) anhand folgender Kenngrößen ablesen: der Porosität, der kennzeichnenden Porendurchmesser und der inneren Oberfläche (vgl. Tab. 22) sowie an der Porenradienverteilung (vgl. Abb. 55).

Bei stark verwitterten Proben des Granit Nammering-Gelb kann die Porosität bis auf 3,66 Vol% ansteigen. Die Rohdichte sinkt entsprechend der Porosität bei gleichbleibender Reindichte von 2,60 g/cm³ bei frischem auf 2,57 g/cm³ bei verwittertem und 2,56 g/cm³ bei stark verwittertem Material.

Verwitterte Laaser Marmor-Proben von der Giebelpartie der Propyläen (Königsplatz München) besitzen eine Porosität im Außenbereich von ca. 5,5 Vol%; die Porosität von frischem Laaser Marmor ist nur ein Zehntel so groß (0,54 Vol%). Die Konsistenz dieser verwitterten Marmorproben ist nicht besonders gut, allein schon beim Anfassen der Proben verlieren sie im Gegensatz zu den verwitterten Granitproben einiges an Substanz.

Beim Vergleich der Porenradienverteilungen der unverwitterten und verwitterten Proben erkennt man, daß sich beim verwitterten Stein das Maximum der Porenradienklassen zu den größeren Poren hin verschiebt. Dies drückt sich einerseits in

den kennzeichnenden Porendurchmessern und in einer größeren Porosität (bis zu 50 % höher) aus (vgl. Tab. 22), andererseits in einem gestiegenen Sättigungsgrad bei der Wasseraufnahme (vgl. Kap. 5.2.3.2.). Die innere Oberfläche bleibt etwa gleich, weil sich diese Größe auf das Gewicht und nicht auf das Volumen bezieht; eine volumenbezogene innere Oberfläche würde bei dieser Probe dann natürlich geringer als beim unverwitterten Stein sein.

Tab. 22: Vergleich der Porenraumwerte des Granits Nammering-Gelb zwischen unverwittertem und verwittertem Material

Granit NAMMERING	Porosität (Vol%)		Innere Oberfläche (m²/g)		Porendurchmesser (μm)			
	H_2O	Hg	Hg	N_2	D_{50}	D_{mf}	D_{gssa}	D_H
unverwittert	2,35	2,22	0,260	0,258	0,245	0,590	0,086	0,071
verwittert	3,52	3,12	0,284	– – –	0,700	0,900	0,160	0,096

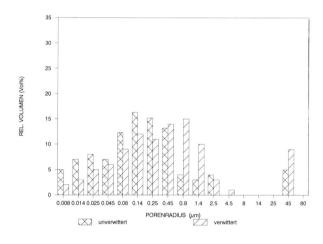

Abb. 55: Vergleich der Porenradienverteilungen des unverwitterten und des verwitterten Nammeringer Granits

5.2.2. Festigkeit

Anhand der Abb. 56 kann man sehr schön das unterschiedliche Bruchverhalten einer unverwitterten und verwitterten Gesteinsprobe des Nammeringer Granits erkennen. Die mir zur Verfügung stehenden verwitterten Proben dieses Granits haben im Durchschnitt eine nur halb so große biaxiale Biegezugfestigkeit (5,5 ± 1,7 MPa) wie die frischen Gesteinsproben (11,0 ± 2,9 MPa).

5.2.3. Feuchtehaushalt

5.2.3.1. Wasserdampfsorptionsisothermen

Die Sorptionsisothermen sind zum Vergleich bei drei verschieden stark verwitterten Proben des Granites Nammering-Gelb ermittelt worden:
– unverwittert
– verwittert
– stark verwittert
Die Ergebnisse sind in Abb. 57 dargestellt. Man kann sehr gut erkennen, daß dieser Granit, je verwitterter er ist, desto mehr an Wasserdampf aufnimmt.

Die Sorptionsisothermen der beiden verwitterten Proben liegen bei fast allen relativen Luftfeuchtigkeitsstufen über der der unverwitterten Probe, d.h. daß der prozentuale Anteil der mit der jeweiligen Luftfeuchtigkeitsstufe korrespondierenden Porenradienklasse (vgl. Kap. 3.2.4.1.) zunimmt und das wiederum bedeutet, daß die Porenräume (-spalten) bei der Verwit-

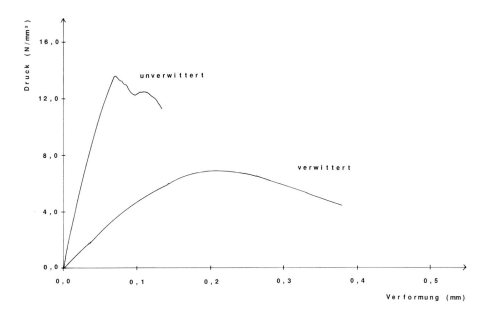

Abb. 56: Bruchverhalten des Granits Nammering-Gelb bei der Messung der biaxialen Biegezugfestigkeit

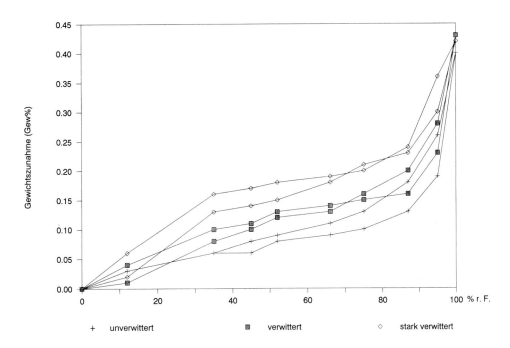

Abb. 57: Sorptionsisothermen des Granits Nammering-Gelb (Adsorption und Desorption) von drei verschieden stark verwitterten Proben

terung sich immer mehr aufspalten bzw. aufweiten.

Tab. 23: Wasseraufnahmevermögen von verwitterten Proben des Granits Nammering-Gelb im Vergleich zu frischem Material

Granit NAMMERING	Wg,a (Gew%)	Wv,a (Vol%)	Wg,v (Gew%)	Wv,v (Vol%)	Sättigungs- grad (−)
unverwittert	0,76	1,97	0,90	2,35	0,84
verwittert	1,27	3,26	1,36	3,52	0,93
stark verwittert	1,31	3,34	1,42	3,66	0,91

5.2.3.2. Wasseraufnahme

Ebenso wie zum Erstellen der Sorptionsisothermen sind für die

Wasseraufnahmemessungen drei verschieden stark verwitterte Proben des Granit Nammering-Gelb verwendet worden. Die Tab. 23 zeigt das vermutete Ergebnis: Je verwitterter ein Granit ist, desto höher ist sein Wasseraufnahmevermögen.

Interessant ist, daß, sobald ein Granit Nammering-Gelb angewittert ist, er für Frostangriffe viel empfindlicher ist als vorher, da sein Sättigungsgrad auf 0,91 und höher gestiegen ist.

Der höhere Sättigungsgrad läßt sich durch die »aufgeweiteten« Porenräume (vgl. die Porenradienverteilungen in Abb. 55) gut erklären; durch die vergrößerten Porenkanäle kann bei normaler Beregnung im Verhältnis mehr Wasser in den Porenraum eindringen, als dies bei einem frischen Gestein möglich ist.

Bei den Laaser Marmor-Proben von den Propyläen (vgl. Kap. 5.2.1.) schwankt die Wasseraufnahme (Wg, a) beträchtlich. Die Spannbreite bei verwitterten Proben reicht von 3,68 bis 5,22 Gew%, d.h. verwitterter Laaser Marmor kann bis zu 35 mal mehr Wasser bei Atmosphärendruck aufnehmen wie frischer (0,15 Gew%).

5.2.3.3. Zeta-Potential

Ein Stück verwitterten Laaser Marmors von den Propyläen am Königsplatz in München ist zur Vergleichsuntersuchung des Zeta-Potentials zur Verfügung gestanden.

Das Zeta-Potential dieser Probe ist etwa doppelt so hoch (-26,8 mV) wie das des frischen Originalgesteins (-13,9 mV) (vgl. Kap. 4.5.). Der Grund liegt sicherlich in einer partiellen Mineralumwandlung (Gips) des Marmorcalcits. Bei SIMS-Messungen (Erklärung der Meßmethodik in Kap. 7.1.) ist bei verwitterten Marmoren auf Calcitoberflächen ein erhöhter Schwefel-Gehalt festgestellt worden. Mit dem erhöhten Zeta-Potential einher geht eine in kleineren Poren verlangsamte Wassermigration.

5.2.4. Feuchtetransport

Wie in Kap. 4.6.1.1. angedeutet ist, kann bei verwittertem Gestein im Gegensatz zum frischen Gestein eine Art Sicker-strömung auftreten, insbesondere im Bereich von (abplatzenden) Schalen.

Die Wasserpermeabilität von verwitterten Kristallingesteinen wird somit in der Regel gegenüber frischen Gesteinsproben höher sein.

Messungen an verwittertem Granit Nammering-Gelb bestätigen dies: Die Wasserpermeabilität des unverwitterten Materials beträgt 0,0018 (± 0,0004) md, die des verwitterten Gesteins 0,0086 (± 0,002) md.

Das Ergebnis dieser Untersuchung zeigt eindeutig, daß durch die Strukturveränderungen der Verwitterung die Wasserpermeation erleichtert wird. Das bedeutet, daß ein verwitterter Nammeringer Granit fast fünfmal soviel Wasser durchlassen kann wie ein unverwitterter und somit rund fünfmal mehr Schadstoffe durch nasse Deposition aufnehmen kann wie ein frischer Granit. Daraus könnte man schließen, daß die Verwitterung bei diesen Granitsorten exponentiell ansteigt.

Die erhöhte Frostanfälligkeit (vgl. Kap. 5.2.3.2.) bestätigt dies auch.

Die Änderung der Wasserdampfdiffusion ist an verwitterten Proben aus Carrara-Marmor (Kreuzsockel vom Waldfriedhof München) sowie an verwitterten Proben aus Laaser Marmor von den Propyläen untersucht worden.

Die Carrara-Proben sind nur schwach angewittert, sie haben eine leicht zuckerförmige Oberfläche, die leicht angegraut ist. Der Gesteinsverband ist sehr stabil.

In Tab. 24 erkennt man, daß die µ-Werte der beiden Waldfriedhof-Proben höher als die des unverwitterten Materials sind. Es handelt sich hierbei wohl um zwei völlig unterschiedliche Carrara-Varietäten.

Der Carrara aus der Innenzone (ca. 2,5 cm von der Oberfläche entfernt entnommen) entspricht wohl einer unverwitterten Carrara-Probe dieser Varietät.

Die Proben aus der Außenzone belegen, daß im zuckrig verwitterten Bereich die Wasserdampfdiffusion höher ist, was wegen des lockereren Mineralzusammenhalts nicht verwunderlich ist.

Bei den Laaser Marmor-Proben handelt es sich um Teile von Plinthen von Figurengruppen im Dreiecksgiebel der Propyläen. Die Proben sind mit einer schwarzgrauen Kruste überzogen, die teilweise abgeplatzt ist. Der Gesteinsverband ist z.T. sehr lose, was bei der Präparation für die Messung der Wasserdampfdiffusion große Schwierigkeiten bereitet hat.

Die Werte in unterer Tabelle zeigen deutlich, daß die Wasserdampfdiffusion bei den Stücken mit Kruste wesentlich geringer ist, als bei denen, deren Außenkruste schon auf- bzw. abgeplatzt ist. Dies bedeutet, daß eine Schmutzkruste eine teilweise abdichtende Wirkung gegenüber Wasserdampf hat, was zu einer Gefügelockerung im Innenbereich (vgl. Kap. 6) führen kann.

Die Bereiche mit abgeplatzter Kruste haben gegenüber den Krustenpartien eine verstärkte Feuchtigkeitsaufnahme sowie einen häufigeren Feucht-Trocken-Wechsel, die wiederum die Verwitterung des Steines von außen her beschleunigter vorantreiben.

Tab. 24: Wasserdampfdiffusionswiderstandszahlen von verwitterten Marmor-Proben im Vergleich zu frischem Material

Gestein	μ (0 - 50%r.F.)	μ (50-100%r.F.)
Marmor CARRARA		
frisch	430	380
verwitterte Außenzone	651 - 906	263 - 365
(unverwitterte) Innenzone	824 - 965	434 - 542
Marmor LAAS		
frisch	540	290
verwittert mit Schmutzkruste	43 - 102	27 - 88
verwittert ohne Schmutzkruste	39 - 83	10 - 29

6. Einfluß des Porenraums und der Feuchte auf die Verwitterung

Der Einfluß des Porenraums und der Feuchte auf die Verwitterung ist unbestritten; lediglich das Ausmaß ist bei jedem Gestein unterschiedlich groß.

Auch spielt der Standort der Gesteine hinsichtlich der Verwitterung eine nicht zu unterschätzende Rolle: So reagiert ein Stein, der sich in einem weitgehend regengeschützten Bereich befindet, völlig anders als wenn er direkt dem Regen ausgesetzt ist.

Jedes Gestein unterliegt sog. Restspannungen (locked-in stresses), die noch aus dem Steinbruch stammen (WINKLER 1988).

Verbaute Gesteine sind das Jahr über wechselnden Feuchte- und Temperaturrhythmen ausgesetzt und bauen dadurch zusätzliche Spannungen auf, die unter bestimmten Umständen zu Rissen und zu Abschalungen oder Abschuppungen an der Gesteinsoberfläche führen können.

In diese unter Spannung stehenden Gesteinskörper kommt

nun bei der Verwitterung zu den Größen Temperatur und Feuchte noch der Parameter Salz hinzu.

Im folgenden wird zunächst ganz allgemein auf die Ursachen von bestimmten Verwitterungserscheinungen eingegangen, um anschließend besondere, auf bestimmte Gesteine beschränkte Verwitterungsphänomene zu beschreiben.

Durch Kapillarkondensation befindet sich immer eine gewisse Grundfeuchte im Stein, die zusätzlich durch die hygroskopische Wirkung der Salze gesteuert wird. Bei verbauten Steinquadern sind im Gesteinsinneren sogar bis zu 100 % rel. Luftfeuchtigkeit durch Feuchtefühler nachgewiesen worden. Befindet sich die Gesteinspartie im Sockelbereich, wird eine durch Trocknung entschwundene Feuchte zusätzlich zur Kapillarkondensation durch Feuchte aus dem Boden kontinuierlich ersetzt.

Mit der über Regen eindringenden Feuchtigkeit werden viele

Schadstoffe in den Stein hineintransportiert. Schadgase können aber auch direkt in den Stein eindringen und sich dort im Wasser lösen, ebenso wie Salze mit dem Staubeintrag in fester Form ins Gesteinsinnere eindringen können.

Im Porenraum zirkulierende Salzlösungen sind nach dem Verbau des Steines bei gleichmäßiger Durchfeuchtung gleichmäßig im Porenraum verteilt, bei ebenfalls gleicher Konzentration. Tritt nun ein Trocknungsvorgang ein, sei es durch Erhöhung der Temperatur an der Gesteinsoberfläche oder durch aufkommenden Wind, verdunstet das Wasser im Oberflächenbereich unter Ausblühung von Salzen. Wenn nun der Kapillartransport die an der Oberfläche verdunstende Wassermenge nicht mehr nachzuliefern in der Lage ist, verlagert sich die Verdunstungszone nach innen. Das verdunstende Wasser wird über Dampfdiffusion nach außen abtransportiert. Der anhaltende Feuchteentzug bewirkt eine Konzentrationserhöhung der verbleibenden Salzlösungen im Porengefüge.

Tritt nun wieder ein Befeuchtungsereignis ein, trifft das von außen kommende, weniger salzbeladene Wasser auf das innere höher konzentrierte. Durch Ionendiffusion stellt sich nach einer gewissen Zeit ein Konzentrationsgleichgewicht ein. Da aber meist kompliziertere Feuchte-Rhythmen vorherrschen, werden diese Ausgleichsvorgänge nicht immer abgeschlossen.

Die bei diesen Befeuchtungsvorgängen entstehende Migration führt zu Änderungen des Oberflächenpotentials der Körner, welche eine Störung der Haftungsverhältnisse im Kornverband und damit in der Regel dessen Lockerung zur Folge haben.

Zur Auflockerung des Gesteinsgefüges tragen allerdings noch andere Ursachen bei. Die Störung der Adhäsivkräfte wird durch den Eintrag von Feststoffen, Flüssigkeiten und Gasen jeglicher Herkunft in Form einer Änderung der Oberflächenladung hervorgerufen. Das Zetapotential von verwittertem Laaser Marmor ist mit -26,8 mV etwa doppelt so hoch wie von frischem Originalgestein mit -13,9 mV (vgl. Kap. 5.2.3.3.).

Weitere Faktoren, die zu einer Veränderung der Haftkraft der Körner führen können, also zu einer Gefügelockerung, sind die unterschiedlichen Ausdehnungskoeffizienten der einzelnen Mineralkörner. Als Besonderheit muß hier das anisotrope thermische Dehnungsverhalten des Calcits erwähnt werden: Der Calcit dehnt sich parallel zur c-Achse pro °C Temperaturerhöhung um 25,6 µm/m, schrumpft dagegen senkrecht zur c-Achse pro °C um 5,7 µm/m (CORRENS 1968: 104).

Auch eine Rolle spielt bei der Lockerung des Gefüges die anlösende Wirkung des Wassers (Gesteinswasser ist eigentlich fast immer eine verdünnte Lösung) im Oberflächenbereich der einzelnen Mineralkörner, die dabei ihr ursprüngliches Oberflächenrelief und damit oft die Haftung und Verzahnung mit den Nachbarkörnern verlieren. Dieser Anlösungsvorgang geht solange vonstatten, bis die meist saure Lösung neutralisiert ist. Saure Lösungen können Graniten weniger anhaben als z.B. Marmoren. Jedoch können die Feldspäte durch bestimmte Lösungen leicht anerodiert werden und den Gefügezusammenhalt vermindern. Auch können Muskovite durch Wasseraufnahme und die in der Folge auftretende Volumenvermehrung zur Gefügelockerung beitragen.

Eine weitere Möglichkeit, die zu einer Änderung des Oberflächenpotentials der Körner beiträgt, ist die partielle Mineralumwandlung der Gesteinsminerale an ihrer Oberfläche, wie sie z.B. bei verwitterten Marmoren (Umwandlung von Calcit in Gips) vorkommt (vgl. Kap. 5.2.3.3.).

Bei fein- bis mittelkörnigen Graniten (wie z.B. der Granit Nammering-Gelb) wird als besondere Verwitterungserscheinung die Schalenbildung beobachtet.

Der Granit Nammering-Gelb zählt zu dem Typ der feinkörnigen Bayerwald-Granite, die eine für Granite relativ hohe Porosität (Granit Nammering = 2,35 Vol.%) aufweisen (vgl. Anhang I.). Dadurch bedingt kann relativ viel Feuchte, sei es als Flüssigkeit oder Dampf (Granit Nammering µ = 460 (dry) / 120 (wet)), eindringen.

Die Entstehung von Schalen bei diesen Graniten geht in mehreren Schritten vor sich; Grundvoraussetzungen für eine schalenförmige Abwitterung sind
a) eine Exposition der Gesteinsoberfläche auf Seiten, an die Feuchtigkeit (in Form flüssigen Wassers) gelangen kann sowie
b) eine wechselnde Befeuchtung und Austrocknung der äußeren Gesteinszone bedingt, durch Temperatureinflüsse und Windzufuhr. Durch Mikroklimata können auch an scheinbar trockenen Bereichen eines Gebäudes ähnliche Verwitterungserscheinungen auftreten.

Durch Schmutzeintrag sind die oberflächennahen Poren des Granitgefüges stark eingeengt, was einen geringeren Luft- und Feuchtigkeitsaustausch mit der Außenluft zur Folge hat. Zudem weist durch die Verdichtung und zügige Trocknung des Oberflächenbereichs die Außenzone gegenüber dem Innenbereich andere physikalische Eigenschaften und somit auch einen anderen Feuchtehaushalt auf (vgl. Abb. 58); der fehlende Kontakt des Innenbereichs mit der Außenluft verstärkt die Unterschiede. An der Grenzzone kommt es damit zu einem Feuchtigkeitssprung, der Spannungen im Gestein insbesondere bei thermischen Einwirkungen nach sich zieht. Diese komplexen Vorgänge führen dann zur Bildung einer mürben Zone. Die mürbe Zone stellt einen Bereich erhöhter Porosität und erhöhter Salzkonzentration dar, da sie wie ein neuer nach innen verlagerter Verdunstungshorizont wirkt. Wenn die Schale abplatzt, ist dann die mürbe Zone gleichzeitig wieder Gesteinsoberfläche und direkt mit der Außenluft verbunden. Die Bildung einer Schale kann von neuem beginnen.

Der Kösseine Granit dagegen verwittert vor allem aufgrund seines geringen Porenraums (0,71 Vol%) und der relativ kleinen inneren Oberfläche sehr langsam, eigentlich nur in »geologischen« Zeiträumen. Die einzige sichtbare Verwitterungserscheinung ist eine ab und an zustandekommende Mobilisation von Eisenionen in Form rostfarbener Lösungen.

Beide untersuchten Marmore besitzen einen ähnlichen Porenraumaufbau (Carrara 0,59 Vol% Porosität, < 0,05 m²/g Innere Oberfläche; Laaser 0,54 Vol%, < 0,035 m²/g) und ebenso ähnliche feuchtespezifische Eigenschaften. Auffallend bei den beiden Marmoren ist das jeweilige relativ hohe Porenradienextremum bei 45 µm. Das ungünstige Verhältnis von großen Porenradien zu einem relativ kleinen Porenraum führt dazu, daß bei Regen oder einer anderen Feuchtezufuhr schnell und tief (bei beiden Marmoren ist der Wassereindringkoeffizient B mindestens 0,02 m/√h) Wasser in das Innere des Steins eindringen kann, da es im Oberflächenbereich nicht von einem größeren Porenraum bzw. einer Adsorberfläche zurückgehalten werden kann. Dabei umspült das die Schadstoffe enthaltende Wasser die einzelnen Mineralkörner und stört die Haftungskräfte der Körner untereinander (vgl. oben). Dies führt zu einer Lockerung der Körner, die, falls keine Verdichtung im Oberflächenbereich vorliegt (z.B. durch eine kombinierte Schmutz- und Gesteinskruste), ein Abbröckeln der Körner bzw. die bekannte »Zuckerbildung« an der Marmoroberfläche zur Folge hat. Diese Erscheinung ist typisch vor allem für den feinkörnigen Carrara-Marmor, beim grobkörnigeren Laaser Marmor tritt sie hingegen nur gelegentlich auf. Dabei kann die Dekohäsion der Körner in Einzelfällen sogar ein Herausbrechen von zentimetergroßen Bruchstücken aus dem verwitterten Marmor verursachen.

Bildet sich bei einem frisch verbauten Marmor relativ bald eine Schmutzschicht aus Karbonaten, Sulfaten, Staub, Flugasche, Ruß und anderen Substanzen, findet die Abzuckerungsverwitterung an der Oberfläche nicht oder nur untergeordnet statt. Dies trifft meist auf regengeschützte Marmorpartien zu.

Die Schmutzschichten bzw. -krusten haben eine Verminderung der Wasserdampfdiffusion und des Wasserdurchsatzes zur Folge.

Die Schmutzkruste, die - wie bei den Graniten der verdichtete Oberflächenbereich - eine Art Feuchtigkeitsblockade darstellt, bewirkt, daß die im Stein befindliche Feuchtigkeit nicht direkt mit der Außenluft kommunizieren kann. In der Zone unterhalb der Kruste kommt es damit zu einem Feuchtigkeitssprung aufgrund des unterschiedlichen Trocknungsverhaltens der Kruste und des Innenbereichs (eine Kruste kann nach einem Regenguß bei anschließendem Sonnenschein längst trocken sein, während unterhalb von ihr sich noch die Feuchtigkeit des Innenbereichs staut; vgl. Abb. 58). Der Feuchtigkeitssprung und Temperaturschwankungen führen in dieser Grenzzone zu Spannungen; in dieser Zone unter der Schmutzkruste kann sich dann dadurch eine Zone geringer Festigkeit entwickeln, die zu Oberflächenabplatzungen führen kann.

Außerdem kann die Schmutzkruste aufgrund ihrer stark eingeschränkten Durchlässigkeit im Gesteinsinnenbereich eine Feuchte-Übersättigung bewirken. In diesen Bereichen kommt es bei Frosteinwirkung zu Gefriersprengprozessen, die eine Gefügezerstörung im Innenbereich nach sich ziehen. Der Betrachter eines Marmorobjekts wird jedoch erst auf eine tiefgreifende Verwitterung aufmerksam, wenn sich an der Oberfläche durch Spannungen sichtbare Risse bilden. Werden diese Risse in der Außenhaut länger und platzen nach gewisser Zeit die ersten Kristallschichten oberflächenparallel ab, kommt es zu einer relativ raschen Zerstörung des gesamten Materials.

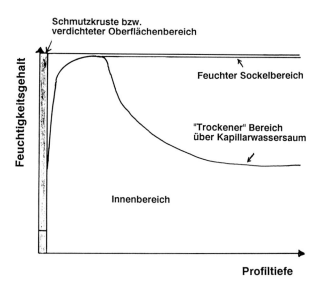

Abb. 58: Verlauf des Feuchtigkeitsgehalts (bei ausgiebigem Sonnenschein nach starkem Regenfall) in einem Gestein mit verdichtetem oberflächennahem Porenbereich (Schalenbildung bei Granit) bzw. mit Schmutzkruste (z.B. beim Marmor)

7. Feuchteschutz und Konservierungsmaßnahmen

Der Feuchteschutz ist eine der wichtigsten vorbeugenden Maßnahmen zur Verhinderung von Steinschäden.

Bei Gebäuden muß man darauf achten, daß das Mauerwerk gegen aufsteigende Feuchte aus dem Grundwasserbereich geschützt ist. Außerdem ist zu kontrollieren, ob keine schadhaften Sims- oder Dachabdeckungen und Regenrinnen bzw. -fallrohre sich an dem Gebäude befinden, damit das Mauerwerk außer der normalen Beregnung und der Luftfeuchte keiner weiteren Feuchtigkeitsbelastung ausgesetzt ist.

Bei der Aufstellung von Grabsteinen sollte eine gute Horizontalabdichtung berücksichtigt werden. Kulturhistorisch wertvolle Grabsteine sollten, sofern sie nicht schon »wetterfest« konserviert sind, in überdachte Bereiche (z.B. Arkaden) des Friedhofes gebracht werden. Bei Marmorstatuen, die in Nischenbereichen einer indirekten Bewitterung unterworfen sind, kann es allerdings zu einer »radikalen Strukturzerstörung« kommen (KÖHLER 1988).

Konservierungsmaßnahmen an Objekten aus Naturwerkstein müssen vorher gut vorbereitet sein. SNETHLAGE (1984a) hat eine Gliederung über die Vorgehensweise bei einer Steinkonservierungsmaßnahme zusammengestellt. Hiernach sollen zunächst eine Dokumentation und ein Restaurierungsplan erstellt werden, begleitet von naturwissenschaftlichen Voruntersuchungen. Nach der Ausarbeitung eines Leistungsverzeichnisses werden dann die Konservierungsmaßnahmen begonnen, wobei der erste Schritt in der Regel die Reinigung ist (Kap. 7.1.).

7.1. Reinigung von Granit und Marmor

Die Reinigung von Granit beschränkt sich meist auf das Entfernen von Schmutz- und Staubschichten; einfache Mittel wie Abwaschen mit Wasser oder Dampfstrahlen reichen in zahlreichen Fällen aus. Säurehaltige Reinigungsmittel greifen vor allem die Feldspäte im Granit an und sind deshalb ungeeignet; die in neuerer Zeit zur Reinigung für kleinere Bereiche verwendete relativ schwache Zitronensäure ätzt calciumhaltige Plagioklase unter Bildung von Calciumcitrat an.

Da Granit kaum für figürliche Partien oder Zierteile verwen-

det wird, kann man für ebene Flächen ein »schonend« eingesetztes Strahlverfahren (z.B. mit Holz-Granulat) durchaus vertreten.

Die schonendste Reinigung für empfindliche Marmorobjekte ist ein Abtupfen mit feuchten Zellstoffkompressen. Mit ihnen kann man lösliche Salze und Partikel entfernen.

Gut bewährt hat sich auch die Dauerberieselung mit Wasser. Das Wasser bewirkt ein Lösen und Fortschwemmen der Staubteilchen und anderer oberflächlich anhaftender, als Schmutz bezeichneter Produkte (u.a. organisches Material). Je wärmer das Wasser ist, desto größer ist die lösende Wirkung. Die Wassermenge soll möglichst gering gehalten werden.

Hartnäckig haftende, meist gipshaltige schwarze Krusten auf bzw. in Marmoroberflächen werden, falls sie nicht schon durch oben erwähntes Verfahren beseitigt worden sind, durch eine Feinstaub- oder Mikrosandstrahlreinigung entfernt.

Auf chemischer Basis kann man die Krustenpartikel mit der Komplexon-Paste (EDTA-Chelat-Komplex; Natriumsalz der Ethylendiamintetraessigsäure) beseitigen. Die Paste wird auf die Schmutzkrusten aufgetragen, ohne den Stein dabei zu berühren. Die gelösten Schmutzkomponenten werden hierbei von der Paste aufgenommen, mit der sie dann mechanisch entfernt werden können.

Gute Erfolge sind auch mit sog. Breiumschlägen aus Attapulgit (Mg-Al-Hydrosilikat) und Sepiolith (Mg-Hydrosilikat) erzielt worden (ASHURST & ASHURST 1988: 73 ff.). Der bekannteste Breiumschlag (»Mora poultice«) ist von P. u. L. MORA (Istituto del Restauro, Rom) entwickelt worden. Diese geleeartige Mixtur enthält als schmutzlösende Verbindungen vor allem Natriumhydrogencarbonat, Ammuniumhydrogencarbonat, EDTA und Carboxymethyl-Cellulose (CMC).

Dies sind diejenigen Methoden, die am wenigsten von der Originalsubstanz des Marmorobjektes zerstören.

Erschreckende Beispiele am Münchener Alten Südfriedhof zeigen, daß Marmorfiguren durch eine Reinigung mit »normaler« Granulat- oder Sandstrahlung übermäßig viel an Originalsubstanz verlieren können, u.a. sind sogar vordere Segmente von Fingern »weggereinigt« worden.

Klaus POSCHLOD

Abb. 59: Kopf einer Marmorfigur aus Laaser Marmor (Propyläen) (vgl. auch GRIMM & SCHWARZ 1985: Abb. 90-93)

Am Münchener Königsplatz sind 1969 die aus Laaser Marmor bestehenden Giebelfiguren der Propyläen, der Glyptothek und der Antikensammlung mit flußsäurehaltigen Präparaten gereinigt worden. Diese Behandlung hat zwar dazu geführt, daß die dunkle Schmutzschicht besser beseitigt werden konnte, sie hat aber auch zur Folge gehabt, daß sich auf der Oberfläche des Marmorcalcits Calciumfluorid-Schichten bzw. -Partikel gebildet haben, da Flußsäure Calcit zu schwerlöslichem Calciumfluorid umwandelt.

Die sich an der Mineraloberfläche partiell gebildeten CaF_2-Schichten führen zu einer Schwächung im Kornverband aufgrund der Verminderung der epitaktischen Wechselwirkung der Körner (WENDLER, pers. Mitt.).

Die beiden Löwen an der Feldherrnhalle in München sind auch aus Laaser Marmor und etwa in gleicher Exposition. Die bei den Figuren am Königsplatz auftretende Schalenbildung sowie die Abplatzungen (vgl. Abb. 59) können hier nicht festgestellt werden. Daraus kann man schließen, daß die Schalenbildung vor allem auf die Flußsäurereinigung zurückzuführen ist.

Wahrscheinlich hängt die Dicke der Schale direkt mit der Eindringtiefe des flußsäurehaltigen Reinigungspräparats zusammen. Dieses spezielle Verwitterungsphänomen überlagert hier die normalen thermisch-hygrischen Verwitterungseffekte.

Spuren des Fluorids sind noch heute - Jahrzehnte nach dieser Behandlung - mit SIMS-Messungen, die bei der Fa. DORNIER ausgeführt worden sind, deutlich nachzuweisen (Abb. 60).

Bei dem Verfahren der Sekundärionen-Massenspektroskopie (SIMS) werden die Gesteinsproben im Ultrahoch-Vakuum (10^{-7} Pa) mit Primärionen (Ar^+) niedriger Energie (3 keV) beschossen. Der Argon-Beschuss führt zu einer Emission von negativ und positiv geladenen Sekundärionen, die dann nach ihrer Masse und Intensität mit einem Quadrupol-Massenspek-

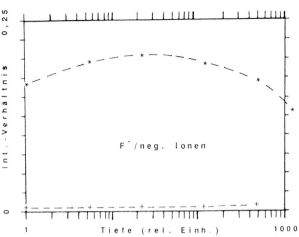

Abb. 60: Vergleich der SIMS-Tiefenprofile des Intensitätsverhältnisses F⁻/neg. Gesamtionen Laaser Marmor: * = verwitterte Probe von Antikensammlung; + = unverwitterte Probe

trometer analysiert werden (PLOG et al. 1987).

7.2. Konservierung von Granit und Marmor

Über Konservierungsversuche an Graniten gibt es aufgrund seiner relativ großen Verwitterungsresistenz nur sehr wenig Literatur (MEYER 1986). Außerdem trägt dazu bei, daß Granite kaum zu Figuren etc. verarbeitet worden sind und deshalb keine aufwendigen, der Denkmalpflege gerechten Konservierungsmaßnahmen vonnöten waren.

Bei Graniten ähnlich dem Nammeringer Granit erstrecken sich die Konservierungsmaßnahmen meistens auf ein steinmetzmäßiges Abarbeiten der Oberfläche. Eine Festigung nur mit Orthokieselsäureethylester, kurz KSE genannt, ist bei stark verwitterten Graniten nicht möglich, da für sie eine klebende Festigung vonnöten ist. Mit einem normalen Steinfestiger auf KSE-Basis kann bei diesem Gestein kaum ein Festigungszuwachs erzielt werden.

Bei irischem Granit hat sich zur Steinfestigung eine Kombination aus KSE und PMMA (Wacker OH und Paraloid B 72) als sehr vorteilhaft erwiesen (MEYER 1986).

Nach der Festigung werden je nach Bedarf Steinergänzungen (eventuell Steinaustausch) und farbliche Ergänzungen ausgeführt.

Zum Abschluß kann man den Granit mit vor allem bei Sandsteinen gebräuchlichen Hydrophobierungsmitteln behandeln. Diese Schutzmittel senken bzw. verhindern die Wasseraufnahme des Steines. Auch die Hydrophobierungsmittel sind siliziumorganische Verbindungen ($R-Si(OR')_3$); die Ursache für die wasserabweisende Wirkung liegt in den organischen Resten (Alkylgruppe).

Am verbreitetsten sind Polysiloxane, sowie monomere Silan- und oligomere Siloxanprodukte, die im Gestein selber zu Polysiloxan vernetzen. Die Vernetzung erfolgt wahrscheinlich nicht nur zwischen den Si-Atomen des Siloxans selber, sondern auch mit den Si-Atomen der Granitminerale. Die Orientierung der Silikonharze im Porenraum ist so beschaffen, daß die unpolaren organischen Reste (Si-R) von der Poreninnenwand weg nach außen gerichtet sind; die polaren SiOH-Gruppen des Siloxans weisen zu den Granitmineralen hin und vernetzen sich mit diesen. Die unpolaren organischen Reste führen zu einer Veränderung des Benetzungswinkels des Wassers; dadurch kann es nicht mehr von den Kapillaren aufgesogen werden. Die Wasserdampfdiffusion wird dagegen durch die dünnen Polysiloxanfilme kaum behindert.

Einen großen Nachteil haben Hydrophobierungsmaßnahmen allerdings: Gelangt Wasser hinter die hydrophobierte

Tab. 25: Physikalische Messwerte von frischen Marmorproben im Vergleich mit Acrylharz-getränkten Proben

Marmor		Roh-dichte (g/cm³)	Wasser-aufnahme Wg,a (Gew.-%)	Hygrische Dehnung bei Unterwasserlagerung nach 1 d (µm/m)	Höchstwert (µm/m)
CARRARA	frisch	2,71 ± 0,005	0,18 ± 0,02	6 (-20)	100
	PMMA-getränkt	2,71 ± 0,005	0,015 ± 0,005	24	68
LAAS	frisch	2,71 ± 0,005	0,15 ± 0,02	12 (-24)	38
	PMMA-getränkt	2,71 ± 0,005	0,011 ± 0,005	11	65

Marmor		Ultraschallgeschwindigkeit			Dynamischer E-Modul		
		IEV 0,50 MHz (m/s)	DSV 0,25 MHz (m/s)	DSV 0,80 MHz (m/s)	IEV 0,50 MHz (GPa)	DSV 0,25 MHz (GPa)	DSV 0,80 MHz (GPa)
CARRARA	frisch	3410 ± 60	3700 ± 70	3750 ± 50	28,4 ± 1,0	33,4 ± 1,3	34,3 ± 0,9
	PMMA-getränkt	5880 ± 80	6040 ± 80	6040 ± 70	71,5 ± 1,9	73,4 ± 1,9	73,4 ± 1,7
LAAS	frisch	3060 ± 50	3420 ± 50	3370 ± 50	22,8 ± 0,7	28,5 ± 0,8	27,7 ± 0,8
	PMMA-getränkt	5360 ± 70	5610 ± 70	5620 ± 70	53,6 ± 1,5	63,4 ± 1,5	63,6 ± 1,6

Zone, kann es im Zusammenhang mit der Salzsprengung hydratisierender Salze zum Abplatzen der hydrophobierten Oberflächenbereiche kommen.

Für irischen Granit haben sich höheralkylierte niedermolekulare Siloxane wie z.B. Wacker 290 S als am geeignetsten erwiesen (MEYER 1986).

Eine Hydrophobierung von Marmoren ist immer wieder versucht worden. Sie hat zu keinen nennenswerten Erfolgen geführt, da in den kleinen Porenraum kaum ein Hydrophobierungsmittel eindringen kann. Ein Beispiel sind die Figuren im Nymphenburger Schloßpark in München, die in den letzten Jahren mehrmals hydrophobiert worden sind und nun aber z. Zt. mit Acrylharz vollgetränkt werden.

Verwitterte Marmore werden seit über 10 Jahren vor allem mit der Acrylharzvolltränkung konserviert. Voraussetzung dafür ist, daß die zu behandelnden Marmorobjekte transportabel sind. Nach dem Abbau werden sie vorsichtig, meist durch eine Dauerberieselung mit Wasser (um die ursprüngliche Substanz möglichst nicht zu gefährden), gereinigt (vgl. Kap. 7.1.). Nach der Reinigung wird das Marmorobjekt bei über 100°C getrocknet. Danach wird es in einer Art Autoklav evakuiert und mit noch nicht vernetztem Methylmethacrylat (MMA) getränkt (vgl. Kap. 3.2.2.). Dieses Acrylat härtet dann unter Temperaturerhöhung (bis 80°C) und einem Druck von ca. 1 - 2 MPa (= 10 - 20 bar) zum Polymethylmethacrylat (PMMA) aus. Durch die vollständige Durchtränkung des Marmors wird die Wasser- und Schadstoffaufnahme unterbunden, der Marmor ist somit weitgehend verwitterungsresistent.

Beim Aushärten des Acrylats verzeichnet man einen Schwund von ca. 20 %. Um ein Ablösen des Kunststoffs von den Körnern beim Aushärten zu verhindern, werden sog. Haftvermittler, die sich chemisch mit dem Acrylat und der Mineraloberfläche verbinden, eingesetzt. REM-Aufnahmen des Zentrallabors des BLfD belegen, daß die bei der Aushärtung entstehenden Schrumpfblasen nur innerhalb des Acrylats und nicht im Korngrenzenbereich auftreten.

Ein Risiko der Acrylharzvolltränkung liegt in der unvollständigen Durchtränkung der Poren; zwischen den Bereichen mit gefüllten und ungefüllten Poren können hierbei durch deren unterschiedliche Feuchte- und Temperatur-Dilatationskoeffizienten Spannungen und somit Risse im Gestein entstehen.

Um die Wirksamkeit der Acrylharzvolltränkung abzuschätzen sind verschiedene Untersuchungen an jeweils vier PMMA-behandelten und frischen Proben durchgeführt worden.

Die Rohdichte der getränkten Proben ändert sich gegenüber der der unbehandelten Proben aufgrund des kleinen Poren-

raums nur unwesentlich (an der dritten Stelle hinter dem Komma).

Die Wasseraufnahme (unter Atmosphärendruck) der konservierten Marmorproben beträgt 8 % bzw. 7 % des Wg,a-Wertes des frischen Gesteins (vgl. Tab. 25).

Die behandelten Marmore weisen ein ähnliches hygrisches Dehnungsverhalten (bei Unterwasserlagerung) wie die frischen Proben auf; auffallend ist nur, daß der Dehnungs-Höchstwert des behandelten Laaser Marmors gegenüber des unbehandelten um 70 % höher liegt.

Die Ultraschallgeschwindigkeiten (vgl. Kap. 3.5.1. ff.) der vollgetränkten Marmore sind merkbar höher als die der unbehandelten Proben (vgl. Tab. 25). Hiermit hat man ein Verfahren zur Hand, mit dem man zerstörungsfrei den Durchtränkungsgrad von konservierten Gesteinen überprüfen kann.

Die Longitudinalwellengeschwindigkeiten sind einerseits im Impuls-Echo-Verfahren (IEV), andererseits im Durchschallungsverfahren (DSV) ermittelt worden. Beim IEV sind Geber und Empfänger in einem Prüfkopf, beim DSV sind sie getrennt.

Die Ultraschallgeschwindigkeiten im Impuls-Echo-Verfahren sind mit einem tragbaren Ultraschallgerät der Fa. KRAUT-KRÄMER (Modell USD 10) am hiesigen Institut mit einer Frequenz von 0,5 MHz gemessen worden.

Die DSV-Geschwindigkeiten bei einer Meßfrequenz von 0,25 und 0,8 MHz sind mit einem Gerät der Fa. KROMPHOLZ (Modell USME-D) im Labor der Staatlichen Schlösser und Gärten Potsdam-Sanssouci mit Hilfe von W. KÖHLER ermittelt worden.

Die IEV-Geschwindigkeiten liegen erwartungsgemäß (aufgrund des doppelt so langen Weges im inhomogenen Gesteinsgefüges) geringfügig unter denen, die das Durchschallungsverfahren ergeben hat.

Aus den Ultraschallgeschwindigkeiten (der Longitudinalwelle) kann man mit Hilfe der Rohdichte und der Poissonschen Querdehnungszahl (für frische Marmore ist 0,2 und für getränkte 0,3 angenommen worden) den dynamischen E-Modul errechnen, der bei den behandelten Marmoren weit über 50 GPa liegt; sie verfügen damit über ein dreimal so hohe reversible Belastbarkeit wie frische Marmore (vgl. Tab. 25).

Rostfärbungsversuche an den Acrylharz-getränkten Marmorproben haben ergeben, daß »Rost-Pigmente« trotz Reinigungsversuchen (mit Wasser und Bürste) im Stein zurückbleiben; der behandelte Marmor ist also nicht absolut wasserabweisend, was der Wg,a-Wert in Tab. 25 auch bestätigt.

Aus den Untersuchungen und Ausführungen zur Darstellung des Porenraums bzw. der Porenform (vgl. Kap. 3.2.2.)

kann man schließen, daß das bei Acrylharzvolltränkung befürchtete Risiko der Rissbildung bei Marmoren wohl nicht gegeben ist. Nach SNETHLAGE (pers. Mitt., 1989) sind bislang keine Folgeschäden an Marmorobjekten bekannt.

Das nach der Behandlung vorliegende Stein-Kunststoff-Gemisch kann man zumindest im Fall des Marmors als echten und wohl dauerhaften Verbundwerkstoff bezeichnen.

8. Zusammenfassung

Einige kristalline Naturwerksteine wie z.B. Marmore und, wenn auch in geringerer Anzahl, Granite verwittern ebenso stark wie Sandsteine und Kalke, obwohl die meist dichten Kristallingesteine im Verhältnis zu den Sedimentgesteinen weit weniger Wasser und Schadstofflösungen aufnehmen können.

Die Arbeit hat zum Ziel gehabt, die Wassermigration im Porenraum kristalliner Naturwerksteine zu charakterisieren und deren Einfluß auf die Verwitterung herauszufinden. Für die Untersuchungen sind vier Gesteine ausgewählt worden: der Granit Nammering-Gelb aus dem Bayerischen Wald, der Kösseine-Granit aus dem Fichtelgebirge und die beiden italienischen Marmore aus Carrara und Laas.

Von diesen 4 Naturwerksteinen sind gesteinsphysikalische Kenngrößen und Eigenschaften bestimmt sowie ihr Feuchtehaushalt und das sich von diesem abhängig zeigende Verwitterungsverhalten untersucht worden. Zudem werden verwitterte Proben dieser Gesteine mit unverwitterten verglichen und die Unterschiede bewertet. Abschließend werden Konservierungsmöglichkeiten verwitterter Gesteinsobjekte aufgezeigt.

Porenraumbezogene Kenndaten sind für die Beurteilung des Verwitterungsverhaltens von Graniten und Marmoren von großer Bedeutung. Eine wichtige Rolle spielen hierbei insbesondere die Porenformen. Alle vier untersuchten Gesteine besitzen Plattenspaltporen. Sie sind bei den Marmoren durch ein speziell für diese Gesteinsart geeignetes Ätzverfahren dargestellt worden. Ein weiteres Kriterium für die Charakterisierung des Porenraums bilden die Porenradienverteilungen, die bei den Marmoren auffallend hohe Porenradienmaxima bei 45 μm aufweisen. Als dritter Faktor zur Kennzeichnung des Porenraums ist die Größe der inneren Oberfläche zu nennen, die bei allen untersuchten Gesteinen sehr gering ist. Zu ihrer Berechnung mit Hilfe von Kennwerten der Porenradienverteilung ist die Ausgangsformel, die auf einem Zylinderporen-Modell basiert, hinsichtlich der bei kristallinen Naturwerksteinen vorliegenden Plattenspaltporen modifiziert worden. Mittels der Stickstoffsorption ist sie auch experimentell ermittelt worden. Zusätzlich zu den oben angeführten Methoden ist für die Bestimmung der inneren Oberfläche von Marmoren ein völlig neues Verfahren unter Verwendung von Bildanalyse-Daten entwickelt worden.

Die Werte der Biegezug- und Haftzugfestigkeitsmessungen eignen sich mit Berücksichtigung der Ergebnisse der verschiedenen E-Modul-Messungen dazu, die Widerstandsfähigkeit der Gesteine gegenüber Verwitterungseinflüssen abzuschätzen.

Alle vier Gesteine besitzen im Gegensatz zu Sandsteinen keine Matrix (»Bindemittel«) zwischen den einzelnen Gesteinskörnern Diese sind lediglich durch die oben erwähnten Plattenspaltporen getrennt. Der Zusammenhalt des Korngefüges wird mechanisch durch die Verzahnung der Körner und kohäsiv durch gemeinsame H_2O-Filme der Körner gewährleistet.

Die Wassermigration im kristallinen Gestein wird hauptsächlich durch Transportmechanismen wie Wasserdampfdiffusion und Kapillarkräfte gesteuert. Bei bereits verwitterten Gesteinen kommt noch die Sickerströmung hinzu.

Die Kapillarkraft ist bei den Plattenspaltporen kristalliner Naturwerksteine etwa doppelt so groß wie bei den »normalen« zylinderförmigen Poren von Sedimentgesteinen. Daher können Schadstofflösungen relativ schnell und tief in das Innere des Steins eindringen, auch weil im Oberflächenbereich kein ausreichend großer Porenraum vorhanden ist, der das eindringende Wasser aufnehmen kann.

Als Maß für die durchströmbare Porosität sind von den vier Gesteinen die Permeabilitätswerte bestimmt worden, die sich alle als wenig durchlässig erweisen. Um eine Zuordnung dieser Werte zu Werten anderer Naturwerksteine zu erleichtern, wird eine Klasseneinteilung getrennt nach Luft- und Wasserpermeabilität vorgeschlagen.

Da alle vier Gesteine zudem über sehr kleine Porenradien verfügen, spielt die Kapillarkondensation bei der Verwitterung auch eine wichtige Rolle. Bei hohen Luftfeuchten sind große Teile des Porensystems mit Wasser gesättigt; die hygroskopische Wirkung der im Porenraum befindlichen Salze verstärkt diesen Effekt. Bei Frosteinwirkung kommt es dadurch zur Eisbildung im Porenraum, die wiederum zu einer Lockerung oder sogar zu einer Zerstörung des Korngefüges führen kann.

Beschleunigt dieser Vorgang durch häufige Frost-Tau-Wechsel. Sie treten besonders zahlreich an Tagen auf, an denen die Temperatur knapp unter 0 °C liegt. Scheint die Sonne an diesen Tagen auf die Steinoberfläche, wird diese kurzzeitig auf Plusgrade erwärmt. Sobald sich eine Wolke vor die Sonne schiebt, kühlt die Steinoberfläche wieder auf Minusgrade ab. So kann an einem solchen Tag ohne weiteres ein zehnfacher Frost-Tau-Wechsel auftreten, der zu oben erwähnten Schäden führt.

Bei freistehenden Gesteinsobjekten kann ein häufiger Frost-Tau-Wechsel eine Oberflächen-Abgrusung (beim feinkörnigen Granit) bzw. eine »Zuckerbildung« (beim Marmor) einleiten.

Bei indirekt bewitterten Objekten bildet sich an der Oberfläche eine Schmutzkruste, die auf das Gesteinsinnere wie eine Feuchtigkeitsbarriere wirkt. Im Innenbereich kann der Stein dadurch mit Feuchtigkeit »übersättigt« werden, so daß bei Temperaturen unter 0 °C Gefriersprengprozesse beginnen, die die oben beschriebenen Verwitterungsvorgänge - aber eben im Gesteinsinneren - zur Folge haben.

Auch durch Temperatur und Feuchte hervorgerufene Dehnungseffekte können zu einer weiteren Gefügelockerung führen. Bei Marmoren trägt hierzu das anisotrope Temperaturdehnungsverhalten des Calcits bei: Er dehnt sich bei Temperaturerhöhung parallel zur c-Achse, senkrecht zu ihr schrumpft er. Bei den polymineralischen Graniten bauen die Minerale mit ihren unterschiedlichen thermischen Ausdehnungskoeffizienten Spannungen auf, die zu Mikrorissen insbesondere im Oberflächenbereich führen können. Die hygrische Dilatation, die hauptsächlich im interkristallinen Bereich stattfindet, kann die H_2O-Haftung der Körner untereinander und die Verzahnung eines Kornverbandes teilweise aufheben und so zu dessen Lockerung beitragen.

Als Verwitterungserscheinung tritt neben der Gefügelockerung insbesondere bei feinkörnigen Graniten die Schalenbildung auf. Der durch Schmutz verdichtete Oberflächenbereich weist andere physikalische Eigenschaften auf als der Innenbereich. Das dadurch bedingte andere Trocknungsverhalten der Außenzone, die den Faktoren der direkten Sonnenbestrahlung oder der Schnelltrocknung durch Windzufuhr unterliegt, sowie der andere Feuchtehaushalt führen zu Spannungen an der Grenzzone unterhalb des Oberflächenbereichs. Dort bildet sich eine mürbe Zone von geringer Festigkeit aus, die, da sie nun als ein weiter nach innen verlagerter Verdunstungshorizont wirkt, mit

Salzen angereichert wird. Dadurch nimmt die Verzahnung und Kohäsion der Körner in diesem Bereich stetig ab, bis der Außenbereich als Schale abfällt.

Im Hinblick auf die Ursachen, die die Verwitterungsprozesse auslösen, überrascht es nicht, daß verwitterte Gesteinsproben im Vergleich zu frischem Material eine Aufweitung des Porenraums und eine damit verbundene höhere Wasseraufnahme, Wasserdampfdiffusion und Permeabilität zeigen. Auch ist eine Lockerung des Korngefüges erkennbar, die sich in einer Abnahme der Festigkeitswerte ausdrückt. Eine Änderung des Zeta-Potentials läßt vermuten, daß bei verwitterten Gesteinen in der Oberflächenzone ihrer Mineralkörner eine Ladungsverschiebung eintritt, die mit einem geringeren Zusammenhalt der Körner untereinander einhergehen kann.

Für die Restaurierung stark verwitterter Granite eignet sich eine Kombination aus Kieselsäureester und Acrylharz, die die Eigenschaft einer klebenden Festigung hat.

Zur dauerhaften Konservierung von mobilen Marmorobjekten hat sich das Acrylharz-Volltränkungsverfahren bewährt.

Klaus POSCHLOD

9. Literatur

ALCKENS, A. (1938): Die Plastiken im Schloßpark Nymphenburg. - 88 S.; Augsburg (Kieser).

ASHURST, J. & N. ASHURST (1988): Practical building conservation. Vol. 1: Stone masonry. - 100 S.; Aldershot (Gower Technical Press).

BAGDA, E. (1986): Feuchteströme in porösen Baustoffen. - 2. Int. Koll. Werkstoffwissenschaften und Bausanierung, Techn. Akad. Esslingen 1986; 593-597; Esslingen.

BGL (BAYERISCHES GEOLOGISCHES LANDESAMT) (1984): Oberflächennahe mineralische Rohstoffe von Bayern. - Geol. Bav.; **86**: 563 S.; München.

BIER, T. A. & H. K. HILSDORF (1985): Anwendung der Röntgen-Kleinwinkelstreuung zur Bestimmung der Porenstruktur von Baustoffen. - DFG-Bericht; 78 S.; Karlsruhe (Univ. Karlsruhe).

BRACE, W. F., J. B. WALSH & W. T. FRANGOS (1968): Permeability of granite under high pressure. - J. Geophys. Res.; **73**: 2225-2236; Washington.

BRUNAUER, S., P. H. EMMETT & E. TELLER (1938): Adsorption of gases in multimolecular layers. - J. Am. Chem. Soc.; **60**: 309-319; Easton.

CLEMENS, K. (1987): Zur Methodik von Porenraummessungen am Beispiel von Naturwerksteinen, vor allem aus der Bundesrepublik Deutschland. - 85 S.; unveröffentl. Diplomarbeit Univ. München; München.

CLEMENS, K., W.-D. GRIMM & K. POSCHLOD (1990): Zur Kennzeichnung des Korngefüges und des Porenraumes der Naturwerksteine. - Arbh. Bayer. Landesamt f. Denkmalpflege; **50**: 65-94 und 217-224 (Lit.); München (Lipp).

CORRENS, C. W. (1968): Einführung in die Mineralogie. - 2. Aufl.; 458 S.; Berlin, Heidelberg & New York (Springer).

DIENEMANN, W. & O. BURRE (1929): Die nutzbaren Gesteine Deutschlands und ihre Lagerstätten. - II: Feste Gesteine. - 486 S.; Stuttgart (Enke).

DIETRICH, P. G. (1981): Die Porenwässer rezenter und subrezenter mariner Sedimente - eine Übersicht -. - Freiberger Forschungshefte; **C 358**: 148 S.; Leipzig (VEB Dt. Verl. f. Grundstoffind.).

DIN (1972): DIN 52103 Prüfung von Naturstein; Bestimmung der Wasseraufnahme. - 2 S.; Berlin (Beuth).

DIN (1987): DIN 52615 Bestimmung der Wasserdampfdurchlässigkeit von Bau- und Dämmstoffen. - 5 S.; Berlin (Beuth).

DIN (1988): DIN 52102 Prüfung von Naturstein und Gesteinskörnungen; Bestimmung von Dichte, Trockenrohdichte, Dichtigkeitsgrad und Gesamtporosität. - 10 S.; Berlin (Beuth).

ENGELHARDT, W. v. (1960): Der Porenraum der Sedimente. - 207 S.; Berlin, Göttingen & Heidelberg (Springer).

FITZNER, B. (1988): Untersuchung der Zusammenhänge zwischen Hohlraumgefüge von Natursteinen und physikalischen Verwitterungsvorgängen. - Mitt. Ing.- u. Hydrogeol.; **29**: 217 S.; Aachen (RWTH Aachen).

GÄBERT, C., A. STEUER & K. WEISS (1915): Die nutzbaren Gesteinsvorkommen Deutschlands. - 500 S.; Berlin (Union Dt. Verlagsges.).

GEBRANDE, H. (1982): Geschwindigkeiten elastischer Wellen und Elastizitätskonstanten von Gesteinen und gesteinsbildenden Mineralen. - in: LANDOLT-BÖRNSTEIN (1982): Zahlenwerte und Funktionen aus Naturwissenschaft und Technik; N. S., Gruppe V, Bd. 1, Teilbd. b: 1-99; Berlin, Heidelberg, New York (Springer).

GELLERT, C. E. (1746): Johann Andreae Cramers Anfangsgründe der Probierkunst. - 682 S.; Stockholm (Kiesewetter).

GIRLICH, N. (1982): Ein Beitrag zum kapillaren Flüssigkeitstransport in Baustoffen. - 142 S.; Diss. Univ. Weimar; Weimar.

GRIMM, W.-D. (1984): Zur Verwitterung von Naturwerksteinen insbesondere bayerischer Provenienz. - Geol. Bav.; **86**: 507-550; München.

GRIMM, W.-D. & U. SCHWARZ (1985): Naturwerksteine und ihre Verwitterung an Münchner Bauten und Denkmälern. - Arbh. Bayer. Landesamt f. Denkmalpflege; **31**: 28-118; München (Lipp).

GRÜNDER, J. (1978): Struktureller Aufbau und geomechanische Eigenschaften eines stark überkonsolidierten Tones - am Beispiel eines Feuerlettens. - Veröffentl. d. Grundbauinst. d. LGA Bayern; **H. 31**: 100 S.; Nürnberg (Eigenverlag LGA).

_____ (1980): Über Volumenänderungsvorgänge in überkonsolidierten, diagenetisch verfestigten Tonen und ihre Bedeutung für die Baupraxis. - Geotechnik; **3**: 60-66; Essen.

HÄHNE, R. & V. FRANKE (1983): Bestimmung anisotroper Gebirgsdurchlässigkeiten in situ im grundwasserfreien Festgestein. - Z. angew. Geol.; **29**: 219-226; Berlin.

HAUFFE, K. & S. R. MORRISON (1974): Adsorption. - 190 S.; Berlin & New York (De Gruyter).

HEYNE, K. (1985): Das mechanisch-physikalische Verhalten des Granits. - Z. angew. Geol.; **31**: 158-161; Berlin.

HIRSCHWALD, J. (1912): Handbuch der bautechnischen Gesteinsprüfung. - 923 S.; Berlin (Borntraeger).

HUENGES, E. (1987): Messung der Permeabilität von niedrigpermeablen Gesteinsproben unter Drücken bis 4 kbar und ihre Beziehung zu Kompressibilität, Porosität und elektrischem Widerstand. - 105 S.; Diss. Univ. Bonn; Bonn.

IRMER, G. (1973): Der Einfluß elektrischer Doppelschichten auf die Strömung von Flüssigkeiten durch Mikroporen. - Z. phys. Chemie; **254**: 137-155; Leipzig.

KIESLINGER, A. (1932): Zerstörungen an Steinbauten. - 346 S.; Leipzig und Wien (Deuticke).

KLOPFER, H. (1985): Feuchte. - in: LUTZ et.al.: Lehrbuch der Bauphysik; 265-434 und 628-635 (Lit.); Stuttgart (Teubner).

KÖHLER, W. (1988): Preservation problems of Carrara marble sculptures Potsdam-Sanssouci ("Radical structural destruction" of Carrara marble). - Proc. of the VIth International Congress on Deterioration and Conservation of Stone, Torun; 653-662; Torun (Nich. Copernikus University).

KONNERTH, H. (1977): Geologische Neuaufnahme der östliche Laaser Gruppe (Prov. Bozen/Italien. Geochemische Untersuchung an Marmoren des Ostalpinen Altkristallins von Südtirol. - 128 S.; unveröffentl. Diplomarbeit Univ. München; München.

56

KRAUS, K. (1985): Experimente zur immisionsbedingten Verwitterung der Naturbausteine des Kölner Doms im Vergleich zu deren Verhalten am Bauwerk. - 208 S.; Diss. Univ. Köln; Köln.

KRAUTKRÄMER, J. & H. KRAUTKRÄMER (1975): Werkstoffprüfung mit Ultraschall. - 3. Aufl.; 669 S.; Berlin, Heidelberg, New York (Springer).

KROPP, J. (1983): Karbonatisierung und Transportvorgänge in Zementstein. - 161 S.; Diss. Univ. Karlsruhe; Karlsruhe.

LANGE, K. R. (1965): The characterization of molecular water on silica surfaces. - J. Colloid. Sci.; **20**: 231-240; New York.

LARSON, R. G. (1981): Derivation of generalized Darcy equations for creeping flow in porous media. - Ind. Eng. Chem. Fundam.; **20**: 132-137; Washington.

LAUTENSACH, H. (1950): Granitische Abtragungsformen auf der Iberischen Halbinsel und in Korea, ein Vergleich. - Peterm. Mitt.; **94**: 187-196; Gotha.

LUCZIZKY, W. (1905): Der Granit von Kössein im Fichtelgebirge und seine Einschlüsse. - Mineralog. und petrogr. Mitt.; **24**: 345-358; Wien.

MACHERT, W. (1894): Beiträge zur Kenntnis der Granite des Fichtelgebirges mit besonderer Berücksichtigung des Granites vom Epprechtstein und seiner Mineralführung. - 81 S.; Diss. Univ. Erlangen; Berlin.

MANNONI, L. (1980): Marmor. Material und Kultur. - 234 S.; München (Callwey).

MEYER, H. (1986): Versuche zur Konservierung von verwittertem Granit aus dem Dublin Castle in Irland. - 2. Int. Koll. Werkstoffwissenschaften und Bausanierung, Techn. Akad. Esslingen 1986; 555-562; Esslingen.

MÜLLER, F. (1979): Bayerns steinreiche Ecke. - 272 S.; Hof (Oberfränk. Verlagsanstalt).

_____ (1984): Gesteinskunde. - 214 S.; Ulm (Ebner).

_____ (o.J.): Internationale Natursteinkartei (INSK). - **1-10**; Ulm (Ebner).

MÜLLER, G. (1964): Sedimentpetrologie, Teil I. Methodem der Sedimentuntersuchung. - 303 S.; Stuttgart (Schweizerbart).

NÄGELE, E. (1984): Elektrische Transporterscheinungen in porösen Baustoffen. - Bautenschutz & Bausanierung; **7**: 74-82; Köln.

NEY, P. (1986): Gesteinsaufbereitung im Labor. - 157 S.; Stuttgart (Enke).

NORTON, D. & R. KNAPP (1977): Transport phenomena in hydrothermal systems: the nature of porosity. - Am. Jour. Sci.; **277**: 913-936; New Haven.

PLOG, C., W. KERFIN, G. ROTH, W. GERHARD & H. WEBER (1987): Oberflächenanalytische Untersuchungen mit SIMS zur Konservierung von Natursteinen. - Bautenschutz & Bausanierung; **10**: 127-130; Köln.

POSCHLOD, K. (1984): Verwitterungserscheinungen von Naturwerksteinen und Gesteinsmode am Beispiel von Grabsteinen im Alten Südlichen Friedhof zu München. - 226 S.; unveröffentl. Diplomarbeit Univ. München; München.

POSCHLOD, K. & W.-D. GRIMM (1984): Der Alte Südfriedhof in München, seine Gesteine - seine Restaurierung. - Steinmetz & Bildhauer; **100**: H. 11, 28-33; München.

_____ (1988): The Characterization of the Pore Space of Crystalline Natural Stones. - Proc. of the Int. Symposium on the Engineering Geology of Ancient Works, Monuments and Historical Sites, Athens; 814-818; Rotterdam (Balkema).

REIS, O. M. (1935): Die Gesteine der Münchner Bauten und Denkmäler. - 243 S.; München (Ges. Bayer. Landeskunde).

RICHTER, P. & G. STETTNER (1979): Geochemische und petrographische Untersuchungen der Fichtelgebirgsgranite. - Geol. Bav.; **78**: 1-129; München (Bayer. Geol. Landesamt).

RIEPE, L. (1984): Theoretische und experimentelle Untersuchungen über den Einfluß der spezifischen inneren Oberfläche auf petrophysikalische und bohrlochgeophysikalische Parameter von Sedimentgesteinen. - Clausthaler Geowiss. Diss.; **H. 13**: 337 S.; Clausthal-Zellerfeld (Eigenverlag Geophys. Inst. d. TU).

SCHMIDT, W. (1950): Die Verwendung des Natursteines in Augsburg. - Ber. Naturforsch. Ges. Augsburg; **3**: 25-38; Augsburg.

SCHÖNENBERG, R. (1971): Einführung in die Geologie Europas. - 300 S.; Freiburg (Rombach).

SCHOPPER, J. R. (1982): Porosität und Permeabilität. - in: LANDOLT-BÖRNSTEIN (1982): Zahlenwerte und Funktionen aus Naturwissenschaft und Technik; N.S., Gruppe V, Bd. 1, Teilbd. a: 184-303; Berlin, Heidelberg, New York (Springer).

SCHUBERT, H. (1982): Kapillarität in porösen Feststoffsystemen. - 350 S.; Berlin, Heidelberg, New York (Springer).

SCHUH, H. (1987): Physikalische Eigenschaften von Sandsteinen und ihren verwitterten Oberflächen. - Münchner Geowiss. Abh.; **B 6**: 66 S.; München.

SCHWARZ, B. (1972): Die kapillare Wasseraufnahme von Baustoffen. - Ges. Ing.; **93**: 206-211; München.

SNETHLAGE, R. (1983): Die Wasserdampf-Sorptionseigenschaften von Sandsteinen und ihre Bedeutung für die Konservierung. - 1. Int. Koll. Werkstoffwissenschaften und Bausanierung, Techn. Akad. Esslingen 1983; 297-303; Esslingen.

_____ (1984a): Konservierungsmöglichkeiten von Natursteinen. - Geol. Bav.; **86**: 551-563; München.

_____ (1984b): Steinkonservierung. - Arbh. Bayer. Landesamt f. Denkmalpflege; **22**: 1-143; München (Lipp).

_____ (1988): Ursachen des Steinzerfalls 1. - Bild d. Wissensch.; **25**; H. 8: 88-89; Stuttgart.

STÄDTLER, G. (1973): Bestimmung der Geschwindigkeiten hochfrequenter Wellen in Gesteinsbohrkernen bei Normaldruck und Raumtemperatur und Berechnung der Elastizitäts-Konstanten. - 85 S.; unveröffentl. Diplomarbeit Univ. München; München.

STOBER, I. (1986): Strömungsverhalten in Festgesteinsaquiferen mit Hilfe von Pump- und Injektionsversuchen. - Geol. Jb.; **C 42**: 1-204; Hannover.

STOCKHAUSEN, N. (1981): Die Dilatation hochporöser Festkörper bei Wasseraufnahme und Eisbildung- 163 S.; Diss. TU München; München.

Klaus POSCHLOD

STOIS, A. (1933): Schalenverwitterung an Marmor. - Geologie und Bauwesen; **5**: 256-263; Wien.

_____ (1935): Verwitterung und Steinschutz. - in: O. M. REIS (1935): Die Gesteine der Münchner Bauten und Denkmäler; 199-224; München (Ges. Bayer. Landeskunde).

WILHELMY, H. (1981): Klimamorphologie der Massengesteine. - 2. Aufl.; 254 S.; Wiesbaden (Akadem. Verlagsges.).

WINKLER, E. M. (1988): Weathering of crystalline marble. - Proc. of the Int. Symposium on the Engineering Geology of Ancient Works, Monuments and Historical Sites, Athens; 717-721; Rotterdam (Balkema).

WYLLIE, M. R. J., A. R. GREGORY & L. W. GARONER (1956): Elastic wave velocities in heterogeneous and porous media. - Geophysics; **21**: 41-70; Tulsa.

YARIV, S. & H. CROSS (1979): Geochemistry of colloid systems. - 450 S.; Berlin, Heidelberg, New York (Springer).

YONG, R. N. & B. P. WARKENTIN (1975): Soil properties and behaviour. - 449 S.; Amsterdam, Oxford, New York (Elsevier).

YOUNG, G. J. (1958): Interaction of water vapor with silica surfaces. - J. Colloid Sci.; **13**: 67-85; New York.

Manuskript angenommen am 28. Februar 1990

ANHANG

I. Gesteinsphysikalische Parameter von 154 in der Bundesrepublik Deutschland verbauten kristallinen Naturwerksteinen

Die untersuchten Naturwerksteine sind in 8 Gruppen gegliedert und innerhalb jeder Gruppe in alphabetischer Reihenfolge aufgelistet:

- Magmatite Bayern (Nr. 1 - 53)
- Magmatite BRD außer Bayern (Nr. 54 - 108)
- Magmatite Europa (Nr. 109 - 126)
- Magmatite außerhalb Europa (Nr. 127 - 130)
- Metamorphite Bayern (Nr. 131 - 132)
- Metamorphite BRD außer Bayern (Nr. 133 - 136)
- Metamorphite Europa (Nr. 137 - 152)
- Metamorphite außerhalb Europa (Nr. 153 - 154)

Wg, a = Wasseraufnahme unter Atmosphärendruck in Gew%
Wv, a = Wasseraufnahme unter Atmosphärendruck in Vol%
Wg, v = Wasseraufnahme unter Vakuum in Gew%
P = Porosität = Wasseraufnahme unter Vakuum in Vol%
S = Sättigungsgrad (Wg, a / Wg, v)

Lfd. Nr.	Naturwerkstein		Wg,a (Gew%)	Wv,a (Vol%)	Wg,v (Gew%)	P (Vol%)	S (- - -)	Dichte rein (g/cm³)	roh (g/cm³)
1	Basalt	ARNESBERG	0,43	1,30	0,47	1,43	0,91	3,11	3,07
2	Granit	BAUZING	0,36	0,95	0,43	1,12	0,85	2,65	2,62
3	Granit	BERBING KERNMATERIAL	0,37	0,95	0,46	1,19	0,80	2,65	2,62
4	Granit	BERBING OBERMATERIAL	0,53	1,38	0,61	1,60	0,86	2,66	2,61
5	Granit	BRAND HELL-GELBLICH	0,46	1,21	0,55	1,44	0,84	2,65	2,62
6	Granit	BRAND RÖTLICH	0,54	1,41	0,67	1,76	0,80	2,65	2,60
7	Granit	EGING-KRISTALL	0,37	0,97	0,49	1,28	0,76	2,64	2,61
8	Granit	EINZENDOBL FEINKÖRNIG GELB	0,47	1,24	0,62	1,61	0,77	2,66	2,62
9	Granit	EINZENDOBL FEINKÖRNIG GRAUBLAU	0,53	1,39	0,72	1,88	0,74	2,66	2,61
10	Granit	EITZING	0,45	1,17	0,52	1,35	0,87	2,65	2,62
11	Granit	EPPRECHTSTEIN	0,33	0,87	0,43	1,13	0,77	2,65	2,62
12	Granit	FLOSSENBÜRG GELBGRAU	0,21	0,56	0,27	0,71	0,79	2,65	2,64
13	Granit	FLOSSENBÜRG GRAUBLAU	0,31	0,81	0,39	1,03	0,79	2,66	2,64
14	Granit	FLOSS.ALTHENHAMMER GELB	0,42	1,11	0,48	1,28	0,87	2,65	2,62
15	Granit	FLOSS.ALTHENHAMMER GRAU	0,51	1,35	0,57	1,50	0,90	2,67	2,63
16	Diorit	FÜRSTENSTEIN	0,35	0,98	0,49	1,36	0,72	2,83	2,79
17	Diorit	FÜRSTENSTEIN PARADIES	0,24	0,66	0,31	0,85	0,78	2,79	2,77
18	Diorit	FÜRSTENST.-STEINING-KERNMATERIAL	0,28	0,75	0,42	1,14	0,66	2,75	2,72
19	Diorit	FÜRSTENST.-STEINING-OBERMATERIAL	0,60	1,58	0,80	2,11	0,75	2,67	2,61
20	Granit	GEFREES GELB	0,65	1,71	0,76	2,02	0,85	2,69	2,63
21	Granit	GEFREES GRAUBLAU	0,40	1,06	0,44	1,17	0,91	2,69	2,66
22	Granit	HAUZENBERG	0,29	0,76	0,40	1,04	0,73	2,67	2,64
23	Granit	HERRNHOLZ	0,35	0,93	0,41	1,09	0,85	2,67	2,64
24	Granit	HINTERTHIESSEN	0,42	1,10	0,55	1,43	0,77	2,65	2,61
25	Granit	HÖFERSBERG FEIN	0,44	1,14	0,49	1,27	0,90	2,65	2,62
26	Granit	KALTRUM	0,52	1,36	0,65	1,68	0,80	2,65	2,61
27	Granit	KÖSSEINE MILLERBRUCH	0,41	1,08	0,47	1,24	0,87	2,69	2,66
28	Granit	KÖSSEINE PFALZBRUNNEN	0,37	0,98	0,42	1,11	0,88	2,68	2,65
29	Granit	KÖSSEINE POPP	0,27	0,72	0,36	0,95	0,76	2,69	2,66
30	Granit	KÖSSEINE-KLEINWENDERN	0,21	0,56	0,27	0,71	0,79	2,69	2,67
31	Granit	KRONREUTH	0,38	0,99	0,45	1,18	0,84	2,67	2,65
32	Diorit	LOHWIES	0,24	0,67	0,31	0,85	0,80	2,78	2,76
33	Granit	NAMMERING GELB	0,76	1,97	0,90	2,35	0,84	2,66	2,60
34	Granit	NAMMERING GRAU	0,40	1,06	0,49	1,29	0,82	2,66	2,63
35	Granit	NIEDERNEUREUTH	0,47	1,23	0,63	1,64	0,75	2,67	2,63
36	Proterobas	OCHSENKOPF FEIN	0,11	0,31	0,13	0,37	0,84	2,97	2,96
37	Proterobas	OCHSENKOPF GROB	0,22	0,64	0,29	0,84	0,76	2,97	2,95
38	Granit	PATERSDORF LINDEN	0,36	0,95	0,47	1,24	0,77	2,68	2,65
39	Granit	PATERSDORF WEST	0,42	1,10	0,49	1,28	0,86	2,69	2,65
40	Granit	ROGGENSTEIN	0,35	0,93	0,38	1,02	0,91	2,67	2,64
41	Tonalit	SEUSSEN	0,28	0,76	0,32	0,88	0,86	2,76	2,74
42	Granodiorit	TITTLING FEINKORN GRAU	0,40	1,05	0,46	1,21	0,87	2,68	2,65
43	Granit	TITTLING GROBKORN	0,58	1,52	0,63	1,65	0,92	2,67	2,62

Klaus POSCHLOD

Lfd. Nr.	Naturwerkstein		Wg,a (Gew%)	Wv,a (Vol%)	Wg,v (Gew%)	P (Vol%)	S (- - -)	Dichte rein (g/cm³)	roh
44	Granit	TITTLING GROBKORN ROSA	0,47	1,22	0,55	1,43	0,85	2,63	2,59
45	Granodiorit	TITTLING HELL	0,50	1,33	0,58	1,53	0,87	2,69	2,64
46	Granodiorit	TITTLING HÖHENBERG	0,36	0,97	0,44	1,18	0,82	2,69	2,65
47	Granodiorit	TITTLING-HÖTZENDORF	0,39	1,03	0,49	1,28	0,80	2,69	2,65
48	Granit	WALDKIRCHEN	0,53	1,37	0,62	1,62	0,85	2,65	2,61
49	Granit	WALDSTEIN GELB	0,62	1,61	0,70	1,81	0,89	2,66	2,61
50	Granit	WALDSTEIN GRAUBLAU	0,38	1,00	0,44	1,15	0,87	2,65	2,63
51	Granit	WOTZDORF-SCHULERBRUCH	0,48	1,24	0,59	1,54	0,81	2,67	2,63
52	Granit	ZUFURT GELB	0,51	1,33	0,56	1,46	0,91	2,66	2,62
53	Granit	ZUFURT GRAU	0,33	0,87	0,39	1,02	0,85	2,66	2,63
54	Granit	ALBTAL	0,11	0,29	0,15	0,39	0,74	2,69	2,68
55	Diabas	ASSLAR GROB	0,30	0,84	0,39	1,11	0,76	2,87	2,84
56	Diabas	ASSLAR MITTEL	0,25	0,71	0,28	0,81	0,88	2,87	2,85
57	Diabas	BOTTENHORN GROB	0,29	0,80	0,41	1,15	0,70	2,86	2,83
58	Granit	BROCKEN/WURMBERG	0,76	1,96	0,86	2,21	0,89	2,63	2,58
59	Trachyt	DRACHENFELS	3,92	9,03	5,81	13,38	0,67	2,66	2,30
60	Granit	ELZTAL	0,17	0,44	0,39	1,04	0,42	2,67	2,65
61	Vulkan. Tuff	ETTRINGEN	19,88	29,31	28,85	42,55	0,69	2,57	1,48
62	Granit	FELSBERG	0,09	0,25	0,11	0,31	0,82	2,80	2,79
63	Granit	GERTELBACH	0,26	0,69	0,35	0,92	0,74	2,67	2,64
64	Lapilltuff	HABICHTSWALD/KASSEL	8,91	18,81	11,21	23,68	0,79	2,78	2,12
65	Basaltlava	HANNEBACHER LEY	4,70	10,45	11,36	25,28	0,42	2,98	2,23
66	Granit	HERCHENRODE	0,07	0,20	0,07	0,21	0,98	2,80	2,80
67	Diabas	HESSISCH-NEUGRÜN	0,39	1,13	0,45	1,30	0,87	2,89	2,85
68	Diabas	HIRZENHAIN	0,97	2,54	1,54	4,04	0,63	2,74	2,62
69	Basaltlava	HOHENFELS	2,49	6,69	6,00	16,12	0,42	3,20	2,69
70	Phonolith	KAISERSTUHL	1,49	3,58	2,01	4,82	0,75	2,52	2,40
71	Granit	KAPPELRODECK	0,17	0,47	0,22	0,58	0,81	2,70	2,68
72	Basalt	KASSEL	0,20	0,59	0,25	0,73	0,82	2,97	2,95
73	Quarzporphyr	LEISBERG	3,89	9,20	4,51	10,66	0,87	2,65	2,37
74	Granit	LICHTENBERG	0,07	0,20	0,07	0,21	0,94	2,90	2,89
75	Diorit	LINDENFELS	0,04	0,13	0,06	0,17	0,71	2,92	2,91
76	Basaltlava	LONDORF	3,03	7,35	7,42	18,01	0,41	2,96	2,42
77	Granit	MALSBURG GRAU	0,11	0,29	0,15	0,40	0,72	2,64	2,63
78	Granit	MALSBURG ROT	0,37	0,96	0,41	1,07	0,91	2,66	2,63
79	Basaltlava	MAYEN	2,36	5,26	9,98	22,31	0,24	2,88	2,24
80	Granit	MEISSEN	0,15	0,38	0,33	0,84	0,56	2,63	2,61
81	Basaltlava	MENDIG	3,50	7,12	14,27	29,06	0,25	2,87	2,04
82	Schlackenaggl.	MICHELNAU	18,07	29,20	27,55	44,51	0,66	2,92	1,62
83	Quarz	ODENWALD	0,39	0,99	1,73	4,37	0,23	2,65	2,53
84	Basaltlava	PLAIDT	1,64	4,30	5,57	14,64	0,30	3,09	2,63
85	Diabas	RACHELSHAUSEN	0,36	1,04	0,37	1,05	0,97	2,91	2,88
86	Granit	RAUMÜNZACH GRAU	0,13	0,34	0,16	0,43	0,79	2,69	2,68
87	Granit	RAUMÜNZACH ROT	0,19	0,51	0,24	0,62	0,82	2,66	2,64
88	Trachyt	REIMERATH	3,76	8,80	4,49	10,53	0,84	2,62	2,34
89	Vulkan. Tuff	RIEDEN GELB	18,63	28,48	26,33	40,26	0,71	2,56	1,53
90	Vulkan. Tuff	RIEDEN GRÜN	16,16	25,45	21,98	34,61	0,73	2,41	1,58
91	Quarzpor.-Tuff	ROCHLITZ	5,48	10,94	12,32	24,61	0,45	2,65	2,00
92	Vulkan. Tuff	RÖMER	23,24	31,10	34,79	46,55	0,67	2,51	1,34
93	Granit	ROTENBERG	0,26	0,66	0,30	0,76	0,87	2,65	2,63
94	Granit	SASBACHWALDEN	0,12	0,33	0,14	0,37	0,91	2,73	2,72
95	Granit	SEEBACH	0,12	0,29	0,15	0,40	0,74	2,65	2,64
96	Trachyt	SELTERS	2,65	6,31	3,38	8,04	0,78	2,59	2,38
97	Granit	SONDERBACH	0,13	0,34	0,16	0,43	0,79	2,69	2,68
98	Quarzlatit	STENZELBERG	1,42	3,61	1,52	3,87	0,93	2,62	2,54
99	Granit	STRIEGAU	0,29	0,75	0,36	0,95	0,79	2,65	2,63
100	Quarzporphyr	TRAISEN	1,62	3,82	2,45	5,77	0,66	2,50	2,36
101	Granit	TRIBERG	0,66	1,68	0,80	2,06	0,82	2,63	2,58
102	Granit	TROMM	0,25	0,64	0,40	1,06	0,60	2,64	2,67
103	Granit	WEBERN	0,21	0,56	0,27	0,70	0,81	2,69	2,67
104	Vulkan. Tuff	WEIBERN	24,76	33,85	33,81	46,21	0,73	2,54	1,37
105	Trachyt	WEIDENHAHN	3,45	8,09	4,36	10,21	0,79	2,61	2,34
106	Trachyt	WÖLFERLINGEN	1,69	4,08	2,88	6,95	0,59	2,61	2,43
107	Trachyttuff	WÖLFERLINGEN	18,31	31,79	21,64	37,57	0,85	2,79	1,74
108	Quarzkeratophyr	WÜRDINGHAUSEN	1,07	2,79	1,43	3,74	0,75	2,72	2,61
109	Granit	BALMORAL GROB	0,17	0,46	0,24	0,65	0,71	2,65	2,63
110	Wiborgit	BALTIC BRAUN	0,17	0,46	0,23	0,62	0,74	2,71	2,69

Lfd. Nr.	Naturwerkstein		Wg,a (Gew%)	Wv,a (Vol%)	Wg,v (Gew%)	P (Vol%)	S (- - -)	Dichte rein (g/cm³)	roh (g/cm³)
111	Wiborgit	BALTIC GRÜN	0,26	0,70	0,35	0,93	0,75	2,67	2,64
112	Granodiorit	BLEU ROYAL DU TARNE	0,31	0,83	0,36	0,97	0,86	2,68	2,66
113	Granit	EMELJANOV	0,21	0,54	0,24	0,61	0,88	2,64	2,63
114	Migmatit	GHIANDONE VALDOSSOLA	0,44	1,18	0,54	1,45	0,81	2,72	2,68
115	Migmatit	HALMSTAD	0,14	0,38	0,18	0,48	0,79	2,65	2,64
116	Granit	KAPUSTINO (KORALL)	0,24	0,63	0,33	0,86	0,73	2,67	2,65
117	Larvikit	LABRADOR HELL	0,08	0,20	0,09	0,23	0,88	2,72	2,71
118	Syenit	MAHAGONI	0,14	0,37	0,20	0,53	0,70	2,68	2,67
119	Trachyt	MONTEGROTTO	2,18	5,28	3,62	8,78	0,60	2,66	2,42
120	Rhyolith	PORFIDO ROSSO	0,81	2,10	1,06	2,74	0,77	2,65	2,58
121	Granit	POZARY	0,30	0,80	0,31	0,82	0,97	2,69	2,67
122	Granit	RÜBEZAHL/RIESENGEBIRGE	0,22	0,58	0,25	0,65	0,90	2,68	2,66
123	Granit	SARDO GRIGIO	0,39	1,02	0,42	1,10	0,93	2,65	2,62
124	Granit	SARDO ROSA	0,29	0,76	0,38	0,99	0,77	2,68	2,66
125	Granit	TRANAS RUBIN	0,17	0,43	0,20	0,51	0,85	2,62	2,60
126	Granit	WEINGRABEN	0,27	0,71	0,30	0,80	0,89	2,68	2,66
127	Ditroit	AZUL DA BAHIA	0,11	0,27	0,15	0,37	0,73	2,48	2,47
128	Bostonit	BETHEL WHITE	0,27	0,72	0,40	1,05	0,68	2,66	2,64
129	Gabbro	IMPALA DUNKEL	0,09	0,25	0,09	0,26	0,96	2,93	2,92
130	Charnokit	UBATUBA	0,28	0,76	0,29	0,78	0,97	2,72	2,69
131	Suevit	RIES	21,56	33,36	25,81	39,95	0,84	2,58	1,55
132	Marmor	WUNSIEDEL	0,14	0,38	0,15	0,40	0,94	2,75	2,74
133	Marmor	AUERBACH	0,14	0,39	0,25	0,68	0,58	2,76	2,75
134	Serizitgneis	FISCHBACH/TAUNUS	0,31	0,83	0,41	1,09	0,77	2,69	2,66
135	Serizitgneis	KRONBERG/TAUNUS	1,38	3,55	1,57	4,05	0,88	2,70	2,59
136	Quarzit	TAUNUS	0,21	0,56	0,30	0,80	0,70	2,67	2,65
137	Marmor	AGHIA MARINA	0,14	0,39	0,16	0,44	0,88	2,72	2,71
138	Glimmerquarzit	ALTA	0,27	0,72	0,27	0,73	0,98	2,73	2,70
139	Orthogneis	ANDEER	0,40	1,08	0,42	1,12	0,96	2,71	2,68
140	Marmor	CARRARA	0,18	0,50	0,22	0,59	0,85	2,72	2,71
141	Marmor	ESTREMOZ GEBÄNDERT	0,15	0,40	0,15	0,42	0,94	2,72	2,71
142	Marmor	ESTREMOZ ROSA	0,12	0,34	0,15	0,41	0,82	2,72	2,71
143	Paragneis	GAMS	0,64	1,81	0,71	2,01	0,90	2,90	2,84
144	Marmor	ILIOS	0,18	0,47	0,23	0,62	0,76	2,73	2,71
145	Marmor	LAAS	0,15	0,40	0,20	0,54	0,75	2,72	2,71
146	Paragneis	LEGGIUNA	0,40	1,08	0,50	1,35	0,80	2,71	2,67
147	Marmor	NAXOS WHITE	0,12	0,33	0,14	0,37	0,90	2,72	2,71
148	Orthogneis	ORIENTA	0,17	0,46	0,19	0,52	0,88	2,73	2,72
149	Gneis	STAINZ	0,77	2,15	0,86	2,38	0,90	2,84	2,78
150	Marmor	THASSOS	0,17	0,48	0,24	0,67	0,72	2,86	2,84
151	Orthogneis	VANGA	0,12	0,31	0,13	0,35	0,88	2,64	2,63
152	Quarzit	WALLIS GRÜN	0,45	1,19	0,51	1,36	0,88	2,68	2,65
153	Marmor	BRASIL	0,13	0,36	0,18	0,49	0,72	2,72	2,70
154	Orthogneis	JUPARANA	0,38	0,99	0,50	1,29	0,77	2,62	2,59

II. EDV-Programme

– Programm zur Bestimmung der Wasseraufnahme bei Atmosphärendruck (in Gew% und Vol%), der Wasseraufnahme unter Vakuum (in Gew%), der Porosität, des Sättigungsgrades sowie der Rein- und Rohdichte bei gleichzeitiger Ablegung der Ergebnisse in einem Daten-File

```
10   PRINT " Wasseraufnahme bei Atmosphärendruck und unter Vakuum "
20   REM ***PROGRAMM VON KLAUS POSCHLOD 05./06.04.1989***
30   PRINT " "
40   PRINT " Probennummer "
50   INPUT PN$
60   IF PN$ = " " goto 450
70   CLOSE 1
80   OPEN "wga" FOR APPEND AS #1
90   PRINT " Trockengewicht bei WGA-Messung (bitte alle Meßergebnisse in Gramm!)"
100  INPUT G1
110  PRINT " Naßgewicht bei WGA-Messung "
120  INPUT G2
130  WGA = (G2-G1) *100/G1
140  PRINT "WGA=";WGA;"%"
150  REM Beginn Teilprogramm *vakuum*
160  I = 9
170  LPRINT" ":LPRINT " ";TAB(I);
180  PRINT " Trockengewicht bei Vakuum-Messung "
190  INPUT M1
200  IF M1=0 GOTO 450
210  PRINT " Gewicht unter Wasser "
220  INPUT M2
230  PRINT " Naßgewicht bei Vakuum-Messung "
240  INPUT M3
250  P= (M3-M1)/(M3-M2) *100
260  WGV= (M3-M1) *100/M1
270  GROH= M1/(M3-M2)
280  GREIN = M1/(M1-M2)
290  S= WGA/WGV
300  WVA =WGA*GROH
310  LPRINT TAB(I)    "                                                  Dichte"
320  LPRINT TAB(I)    " Naturwerkstein        Wg,a    Wv,a    Wg,d    P      S     rein   roh"
330  LPRINT TAB(I)    " Probennummer        (Gew%) (Vol%) (Gew%) (Vol%)  (- - -)    (g/cm³) "
340  LPRINT " "
350  LPRINT TAB(I)  "  ";PN$;"  " ;:LPRINT USING "##.## ##.## ##.## ##.## ##.## ##.## ##.##";WGA,WVA,
     WGV,P,S,GREIN,GROH
360  PRINT TAB(I)    "                                                  Dichte"
370  PRINT TAB(I)    " Naturwerkstein        Wg,a    Wv,a    Wg,d    P      S     rein   roh"
380  PRINT TAB(I)    " Probennummer        (Gew%) (Vol%) (Gew%) (Vol%)  (- - -)    (g/cm³) "
390  PRINT TAB(I)  "  ";PN$;"   ";:PRINT USING "##.## ##.## ##.## ##.## ##.## ##.## ##.##";WGA,WVA,
     WGV,P,S,GREIN,GROH
400  PRINT #1,PN$; " "WGA;" "WVA;" "WGV;" "P;" "S;" "GREIN;" "GROH
410  IF S>1 THEN GOTO 430
420  GOTO 30
430  PRINT " WGA-MESSUNG BITTE WIEDERHOLEN !! "
440  GOTO 30
450  END
```

– Programm zur Bestimmung der Wasserdampfdiffusionswiderstandszahl µ sowohl für das Dry-Cup- als auch für das Wet-Cup-Verfahren bei gleichzeitiger Ablegung der Ergebnisse in einem Daten-File

```
 10   PRINT " Programm zur Bestimmung der Wasserdampfdiffusionswiderstandszahl "
 20   REM ***PROGRAMM VON KLAUS POSCHLOD 06.04.1989***
 30   PRINT " "
 40   PRINT " Probennummer "
 50   INPUT PN$
 60   IF PN$ = " " GOTO 450
 70   CLOSE 1
 80   OPEN "dampf" FOR APPEND AS #1
 90   PRINT " Dicke der Gesteinsscheibe in cm "
100   INPUT D
110   PRINT " Durchmesser des Scheibchens in cm "
120   INPUT DM
130   PRINT " Luftfeuchte im Außenraum (in %) "
140   INPUT LFA
150   PRINT " Luftfeuchte im Glas (in %) "
160   INPUT LFI
170   IF LFA > LFI GOTO 190
180   IF LFA < LFI GOTO 210
190   LF = (LFA - LFI)/100
200   GOTO 220
210   LF = (LFI - LFA)/100
220   PRINT " Zeit in Stunden "
230   INPUT T
240   PRINT " Anfangsgewicht in g ! "
250   INPUT GA
260   PRINT " und das Endgewicht ! "
270   INPUT GE
280   IF GA > GE GOTO 300
290   IF GA < GE GOTO 320
300   G = (GA - GE)
310   GOTO 330
320   G = (GE - GA)
330   U = 1.96 * 24.9 * LF / (10000000 * D * G / (.25 * 3.14159 * DM * DM * T * 3600 ))
340   PRINT "Wasserdampfdiffusionswiderstandszahl µ = "; U
350   IF LFA > LFI GOTO 370
360   IF LFA < LFI GOTO 410
370   LPRINT "     Probennummer "; PN$
380   LPRINT "     Wasserdampfdiffusions-Widerstandszahl (0-50% rF) µ = "; U
390   PRINT #1,PN$;" DRY ";" "U
400   GOTO 440
410   LPRINT "     Probennummer "; PN$
420   LPRINT "     Wasserdampfdiffusions-Widerstandszahl (50-100% rF) µ = "; U
430   PRINT #1,PN$;" WET ";" "U
440   GOTO 40
450   END
```

Münchner Geowissenschaftliche Abhandlungen

Reihe A: Geologie und Paläontologie

Band 18   Bernhard KÄSTLE:
Fauna und Fazies der kondensierten Sedimente des Dogger und Malm (Bajocium bis Oxfordium) im südlichen Frankenjura
134 S., 63 Abb., 6 Tab., 14 Taf.
ISBN 3-923871-39-2 .... DM 145,00

Band 19   (Sammelband mit verschiedenen Autoren)

ISBN 3-923871-40-6 .... (in Vorbereitung)

Band 20   Felix SCHLAGINTWEIT:
Allochthone Urgonkalke im mittleren Abschnitt der nördlichen Kalkalpen: Fazies, Paläontologie und Paläogeographie

ISBN 3-923871-41-4 .... (in Vorbereitung)

Band 21   Baba SENOWBARI-DARYAN:
Die systematische Stellung der thalamiden Schwämme und ihre Bedeutung in der Erdgeschichte
326 S., 70 Abb., 18 Tab., 63 Taf.
ISBN 3-923871-42-2 .... DM 296,00

Band 22   Karl-Heinz KIRSCH:
Dinoflagellatenzysten aus der Oberkreide des Helvetikums und Nordultrahelvetikums von Oberbayern
ca. 296 S., 98 Abb., Tab., 43 Taf.
ISBN 3-923871-43-0 .... DM 240,00

Band 23   Robert DARGA:
Geologie, Paläontologie und Palökologie der südostbayerischen unter-priabonen (Ober-Eozän) Riffkalkvorkommen des Eisenrichtersteins bei Hallthurm (nördliche Kalkalpen) und des Kirchbergs bei Neubeuern (Helvetikum)
ca. 160 S., 6 Abb., 6 Tab., 22 Taf.
ISBN 3-923871-49-X .... DM 160,00

Band 24   Winfried KUHN:
Paleozäne und untereozäne Benthos-Foraminiferen des bayerischen und salzburgischen Helvetikums - Systematik, Stratigraphie und Palökologie

ISBN 3-923871-51-1 .... (in Vorbereitung)

Münchner Geowissenschaftliche Abhandlungen

Reihe B: Allgemeine und Angewandte Geologie

ISSN 0931-8739

Band 1   Matthias HACK:
Geologisch-geochemisch-lagerstättenkundliche Untersuchungen zur Genese von Wolframlagerstätten in der Pampa del Tamboreo, Provinz San Luis, Argentinien
108 S., 63 Abb., 30 Tab., 1 Karte.
ISBN 3-923871-21-X .... DM 94,00

Band 2   Peter BAYER:
Strukturgeologische Untersuchungen im brasilianischen Küsten Mobile Belt, südliches Espirito Santo, unter besonderer Berücksichtigung der Brasiliano-Intrusionen
80 S., 63 Abb.
ISBN 3-923871-22-8 .... DM 94,00

Band 3   Gabriele B. KLENK:
Geologisch-mineralogische Untersuchungen zur Technologie frühbronzezeitlicher Keramik von Lidar Höyük (Südost-Anatolien)
64 S., 51 Abb.
ISBN 3-923871-23-6 .... DM 80,00

Band 4   Bernd DELAKOWITZ:
Geologisch-geochemisch-lagerstättenkundliche Untersuchungen zur Genese von Wolframlagerstätten in der Sierra del Morro-Oeste, Provinz San Luis, Argentinien

108 S., 65 Abb., 30 Tab., Anhang.
ISBN 3-923871-24-4 .... DM 96,00

Band 5   Hans ETTL:
Kieselsäureestergebundene Steinersatzmassen
54 S., 41 Abb., 14 Tab.
ISBN 3-923871-25-2 .... DM 48,00

Band 6   Horst SCHUH:
Physikalische Eigenschaften von Sandsteinen und ihren verwitterten Oberflächen
66 S., 47 Abb., 15 Tab., 9 Phot., Anhang.
ISBN 3-923871-26-0 .... DM 52,00

Band 7   Klaus POSCHLOD:
Das Wasser im Porenraum kristalliner Naturwerksteine und sein Einfluß auf die Verwitterung
62 S., 60 Abb., 25 Tab., Anhang.
ISBN 3-923871-38-4 .... DM 54,00

Band 8   Jürgen SCHUH:
Untersuchungen zum Nanoklima im verwitterten Sandstein und vergleichende Messungen
60 S., 58 Abb., 16 Phot., Anhang.
ISBN 3-923871-37-6 .... DM 66,00

Münchner Geowissenschaftliche Abhandlungen

Reihe C: Geographie

ISSN 0931-8747

Band 1   Hans Georg OBERWEGER:
Bevölkerungsgeographische Aspekte junger Thermalbäder am Beispiel des südostniederbayerischen Bäderdreiecks (Bad Füssing - Bad Birnbach - Griesbach)
109 S., 61 Abb., 22 Tab.
ISBN 3-923871-27-9 .... DM 48,00

Band 2   Friedhelm FRANK:
Entwicklung im heimindustriell geprägten Raum. Untersuchungen zur Entwicklung von Wirtschaft, Bevölkerung, Siedlung und Flur in Gemeinden im Oberland des Landkreises Kulmbach seit Beginn des 19. Jahrhunderts
(in Vorbereitung)

Bestellungen direkt an den Verlag oder über jede Buchhandlung

VERLAG DR. FRIEDRICH PFEIL, P.O. Box 65 00 86, D-8000 München 65